우리가 미처 몰랐던 수학의 탄생

가볍게 꺼내 읽는 피타고라스

장 폴 들라에 지음 | 김희라 옮김 | 박기성 감수

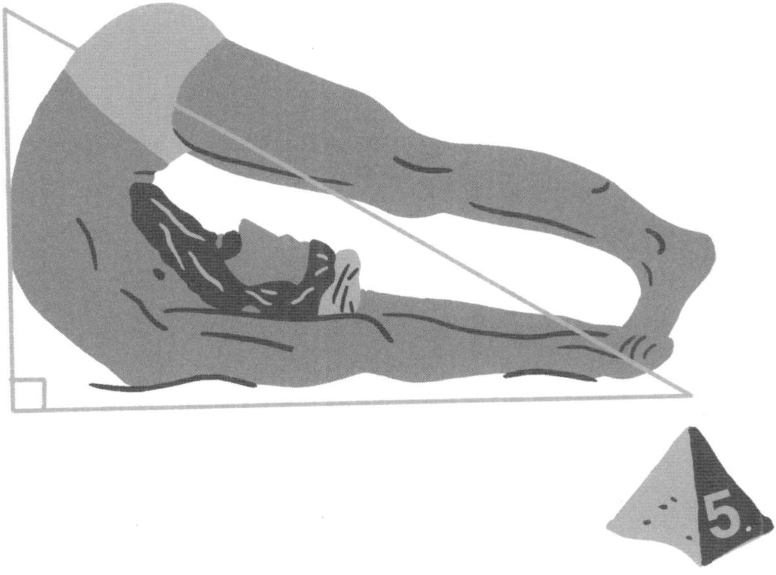

북스힐

Pythagore à la plage.
Les nombres dans un transat

by Jean-Paul DELAHAYE

차례

프롤로그

피타고라스, 현대 과학의 아버지?

여러분처럼 나도 중학교 때 직각삼각형에서 빗변의 길이의 제곱은 나머지 두 변의 길이 각각의 제곱의 합과 같다는 피타고라스의 정리를 배우며 놀라고 감탄했다. 교과서에는 긴 수염에 토가를 입은 남자가 그려져 있었는데, 심오하면서 엄숙한 그의 태도는 나를 탐험의 세계로 초대하는 듯했다.

그렇다면 피타고라스는 누구인가? 피타고라스의 정리를 발견한 사람이 정말로 그일까? 그럴 가능성은 희박하다. 하지만 그가 피타고라스의 정리를 발견했든 아니든 그의 유산은 이것뿐만이 아니다. 기원전 6세기경 피타고라스는 수에 관해, 그리고 수 사이의 관계에 대해 연구하며 간단한 수학 문제뿐 아니라 우주의 조화를 밝혀내려고 했다. 그에게 정수는 코스모스cosmos의 근본적 실재였다. 과학이라는 새로운 개념이 이 수수께끼 같은 인물과 함께 탄생했고, 그의 충실한 제자들은 여러 세기에 걸쳐 그가 전하는 말을 가슴에 품고 그의 메시지를 전파했을 것이다. 2,500년이 훨씬 지난 오늘날에도 우리는 그의 메시지 대부분을 자기도 모르게 전파하고 있다. 그리고 피타고라스학파가 다루었던 수많은 주제는 오늘날에도 여전히 산술 연구의 대상이 되고 있다.

이제 우리는 이 추상 개념의 세계를 발견하고 탐험할 것이다. 그러기 위해 상세한 역사적 의문은 뒤로하고, '수학'이라는 수와 도형을 고찰하는 새로운 방식을 통해 생겨난 진지하고 흥미로운 여러 주제를 살펴보도록 하자.

여러분은 논리적 추론의 놀라운 힘을 보게 될 것이다. 논리적 추론 덕분에 특히 '무한'에 관해 확실히 말할 수 있고, 예를 들면 무한히 많은 소수가 있다는 것과, 정수 두 개로 이루어진 분수 n/m은 무한히 많은데 그중 어떤 것도 제곱해서 2가 되는 것이 없다는 것을 알 수 있다. 전해 내려오는 이야기에 따르면, 정수를 통해 세계를 묘사하고자 했던 피타고라스와 그의 제자들은 오늘날 $\sqrt{2}$의 '무리수성'이라 불리는 개념을 수치스럽게 여겼다. 이 발견 이후 인류는 좋든 싫든 우리가 매일 경험하는 물리적 세계 외에 우리가 그 법칙을 선택할 수 없는 다른 세계, 즉 수, 기하학적 공간, 추상적 구조라는 또 다른 세계가 존재한다는 새로운 관념에 익숙해졌다. 우리는 추론과 수학적 작업을 통해 그 관념을 알아낼 것이며, 이를 통해 우주를 이해할 것이다.

피타고라스 이후 이 비범한 세계는 방문하는 자들에게 끊임없이 호기심을 불러일으켰다. 이 세계에서 그들은 다양하며 뜻밖의 아름다움을 지닌 풍경들을 발견했다. 그들의 기행문인 수학 도서들은 이제 수천 권에 이른다. 물론 이 작은 책은 여러분을 그 풍경 중 일부 장면으로 안내할 것이다. 그 선택 기준은 풍경의 유려함, 그리고 그곳에 도달하기 위한 추론의 접근성이다. 장별로 살펴보면, 우선 소수와 그에 관한 골드바흐의 혜성을 만날 것이다. 그리고 피보나치수열에 대해 알아보고 이것의 아름다운 프랙털 구조에 감탄할 것이다. 여러분은 말이 필요 없는 증명을 이해하도록 훈련받을 것이며, 이것을 주시하면 뜻밖의 진리가 드러날 것이다. 그리고 일상에서 쓰이는 숫자들의 기이한 확률을 알려 사기 행각을 막아주는 벤포드의 법칙을 흥미롭게 확인할 것이다. 또한 2,000년간의 망설임과 답보 상태 끝에 원적 문제의 비밀을 밝혀준 까다로운 초월수 앞에서 현기증을 느낄 것이다.

이제, 수학 나라로의 가상 여행을 시작해보자. 편안한 마음으로!

1장

피타고라스, 피타고라스학파와 피타고라스의 정리

기원전 6세기 피타고라스는 수란 어디에나 있고 우리에게 우주의 실마리를 준다고 믿는 학파의 스승이었다. 아마도 그가 피타고라스의 정리를 공식화한 최초의 인물은 아니겠지만, 어쨌든 그의 이름으로 명명된 이 정리는 수와 기하학 사이의 깊은 관계를 보여준다. 그런데 이 정리를 어떻게 증명해야 할까? 이 정리는 어떤 기하학적 공간에서도 참인가? 그리고 우리가 사는 물리적 공간에서도 참인가?

피타고라스와 그의 제자들

피타고라스는 우리에게 어떤 문헌도 남기지 않은 수수께끼와도 같은 인물이다. 그가 사망한 지 한참 후에 기록된 모순되는 이야기들을 통해서만 그의 삶을 알 수 있다. 그 이야기들은 주로 디오게네스 라에르티오스Diogenes Laertios, 티로스의 포르피리오스Porphyrios, 이암블리코스Iamblichos의 저작들이다. 그러므로 그의 불확실한 일대기는 자세히 살펴보지 않고 핵심 요소만 소개하기로 한다.

피타고라스는 기원전 6세기에서 5세기 초에 살았다. 그는 지금의 튀르키예 해안에서 몇 킬로미터 떨어진 그리스의 사모스섬에서 태어났다고 한다. 피타고라스의 이름 'Pyth-agoras'는 '피티아의 예언으로 태어난 이'라는 뜻이다. 그의 아버지가 델포이를 여행할 때 아폴로 신전의 여사제가 장차 태어날 아이에 대해 예고해주었기 때문이다.

피타고라스는 청년 시절 오랜 여행을 했는데, 특히 이집트와 크레타섬을 방문했다. 그의 전기 작가들이 한목소리로 언급한 바에 따르면 그는 지혜롭고 박식하기로 평판이 자자했으며 기원전 530년경 이탈리아반도 최남단 크로토네에 제자들과 함께 정착했다. 바로 그곳에서 자신의 첫 학파를 세우고, 특히 정수가 우주의 핵심 역할을 한다고 가르쳤다. 피타고라스는 크로토네 북쪽 메타폰툼에서 여든다섯 살 무렵 사망했다고 한다. 이것이 개요다.

전해 내려오는 이야기에 따르면 피타고라스는 특별한 힘을 지니고 있었다. 그는 어부들이 그물로 낚아 올릴 물고기의 수를 알아맞히고, 다우니아(아드리아해 연안 지역)에서 자기 굴 주변에 사는 주민들을 위협하던 곰을 제압해 진정시켰으며, 독수리에게 자신을 향해 내려

피타고라스를 상상으로 표현한 그리스·로마 시대의 조각

오라고 명령하기도 했다. 이에 대해 그는 천구 간의 조화가 들린다고 말했다.

또한 같은 영혼이 연이어 여러 육체로 살아갈 수 있다는 윤회 사상을 옹호하고, 자신의 전생이 어떠했는지 알고 있다고 주장했다. 그는 크로토네에 혁명을 선언하고, 음악을 통해 치유하거나 비바람을 다스렸다.

크로토네에 있던 제자들의 공동체 외에도 피타고라스를 따르는 다른 공동체들이 그리스 여러 도시에 세워졌다. 남자뿐 아니라 여자에게도 개방되었던 이 공동체들은 간결하고 강압적인 삶의 법칙을 따라 조직되었다. 공동체 회원들은 재산을 공유하고, 대개 스승의

« 피타고라스학파에게 수는 코스모스의 근본적 실재이므로 그들은 수가 모든 사물의 토대가 된다고 생각했다. »

아리스토텔레스,
『형이상학Metaphysics』

가르침에 관한 비밀을 지켰다. 모두가 어떤 대가를 치르더라도 서로 돕는 것을 의무로 여겼다. 이런 조직은 오늘날 우리가 이해하기에 학파보다 하나의 종파에 가깝다!

어떤 도시에서는 피타고라스학파 사람들이 정치적 역할을 했다. 적개심을 불러일으키기도 하고, 심지어 5세기에는 내내 폭동을 일으켰다. 크로토네에서 일어난 방화로 피타고라스의 제자 상당수가 사망하기도 했다. 그럼에도 스승의 사상은 고립된 개인들에 의해 보존되고 발전해갔으며, 이들은 계속해서 피타고라스학파의 학설을 옹호하고 스승의 세계관을 전파했다.

신피타고라스학파는 기원전 1세기 로마와 알렉산드리아에서 생겨나 거의 500년간 지속되었다. 이 학파는 당시 비약적으로 발전하던 기독교와 때로 경쟁 관계에 놓였다. 이들의 교육을 통해 피타고라스라는 지도자는 신성한 존재로 변했고, 이런 흐름 속에서 그의 삶과 관련한 다소 신비스러운 이야기가 많이 만들어졌다.

피타고라스의 명성은 수그러들지 않았다. 역사가이자 지리학자인 헤로도토스Herodotos는 피타고라스가 죽은 지 몇십 년 후 그를 그리스의 가장 위대한 지성 중 한 명이라고 주장했다. 그리고 19세기

초 독일의 유명한 철학자 게오르크 빌헬름 프리드리히 헤겔Georg Wilhelm Friedrich Hegel은 피타고라스를 '최초의 세계적 스승'이라고 단언했다.

모든 것이 수이다

피타고라스학파의 철학에 따르면 세상의 모든 것은 수에 토대를 두고 있으며 이 수의 범위는 1, 2, 3, …과 같은 자연수로 제한되었다. 다른 고대 철학 중에도 수에 기초한 것들이 있었다. 예를 들어, 인도에서 수는 우리가 오늘날 과학이라기보다 수점數占(신비주의가 스며 있는 밀교적 의례)에 가깝다고 여길 모든 종류를 설명하는 데 쓰였다.

그러나 이들 철학과 반대로, 피타고라스는 수에 기초해 세계를 고찰해야 한다는 그의 핵심 사상에 신화적 견해를 덧붙이지 않았다. 세계에 대한 이해를 추상적이고 수학적인 개념에 연계시키는 이러한 방식은 지금 우리가 생각하는 물리학의 토대다. 특히 아르키메데스Archimedes와 갈릴레오 갈릴레이Galileo Galilei는 이 방식을 사용해 결국 단순하고 유용하며 경험적으로 입증되는 법칙을 끌어낼 수 있었다.

더 넓게 보면 피타고라스학파의 사상은 총체적 학문에 적용되며, 오늘날에도 여전히 유효해 이를 토대로 연구자와 공학자들이 대

« 우주 톱니바퀴의 아름다움에 더 크게 감탄하는 것 외에 그 어떤 욕구도 없이 이 톱니바퀴들을 증명하려 한 이들이 바로 그리스인이다. »

장 디외도네Jean Dieudonné(프랑스의 수학자), 1951

상과 공간을 수학적 구조물에 동일시하는 모델을 만든다. 수의 설명적 힘에 대한 믿음은 그것을 타당하게 만들어주는 물질적 절차를 수반하지 않을 때 수점의 환각으로 인도한다. 하지만 이 믿음이 비판 정신 그리고 반론을 통한 의견 교환과 연계되면 현대 과학(피타고라스는 이 학문의 시조라 할 수 있다)의 진보를 이끄는 동력이 된다.

피타고라스가 직접 쓴 글이 남아 있지 않아 그의 수학적 지식을 정확히 복원할 수는 없다. 그러므로 지금부터 그 출처가 피타고라스인지 다른 사람인지 구별하지 않고 몇 가지 주제를 살펴보겠다.

수의 '음악'

전해 내려오는 이야기에 따르면 피타고라스는 죽기 직전 제자들에게 음악, 특히 '피타고라스의 울림통'이라 불리던 악기를 연구하도록 강력히 권유했다. 이 악기는 울림통 위에 현을 하나 건 모양이었다. 이 현악기에는 움직일 수 있는 브리지가 있어 현의 길이를 다양하게 조절하고, 연주자는 이 현을 튕겨 다양한 높이의 음을 만들어낼 수 있었다.

이때 피타고라스는 중요한 사실을 발견했다. 함께 연주된 두 개의 음이 조화롭게 '울릴' 때 그 음들을 만든 현의 길이의 비율은 간단한 정수 사이의 비율로 표현될 수 있다는 것이었다. 예를 들면, 옥타브(2/1 비율) 관계이거나 5도 음정(3/2) 또는 4도 음정(4/3)이 된다. 이런 비율에는 자연수 처음 네 개의 숫자만 나타나는데, 이것이 그 유명한 테트라크티스tetraktys(46쪽 참고)의 수다. 피타고라스학파 사람들은 이 발견을 통해 정수와 정수 사이의 비율이 코스모스의 조화를 이루는 실마리임을 확인했다.

그때부터 음악 연구는 수 연구와 불가분의 관계가 된다. 오늘날 대부분의 음악 개론서는 피타고라스의 이론을 계승하고 종종 새로운 개념을 도입해 이 이론을 보완한 것이다. 오늘날에는 네덜란드의 수학자 시몬 스테빈Simon Stevin이 만든 평균율이 광범위하게 사용되는데, 2의 12제곱근을 이용한 이것을 피타고라스는 알지 못했다.

피타고라스의 정리

중학교 때 이후 누구나 알고 있는 피타고라스의 정리Pythagorean theorem부터 살펴보자.

'직각삼각형에서 빗변의 길이의 제곱은 나머지 두 변의 길이 각각의 제곱의 합과 같다.'

이 정리와 관련된 또 다른 기하학적 결론인 탈레스의 정리Thales' theorem도 알아보자.

'삼각형이 그려진 평면에서 이 삼각형의 한 변과 평행한 직선을 그어 삼각형의 다른 두 변과 연결하여 만들어진 두 번째 삼각형은 처음 삼각형과 닮은 꼴이다.'

이 두 가지 중요한 수학 명제를 '정리'라고 할 수 있는데, 정리란 보편적이지 않으나 다른 많은 문제를 풀 수 있도록 증명된 일반 명제를 말한다. 이것들을 토대로 통상적인 기하학이 만들어진다.

그런데 이들 정리의 명칭은 역사적 인물에 대한 확고한 명명이라기보다 실용적 약속임을 알아두자.

탈레스의 정리(영국에서는 절선截線정리intercept theorem라 하고, 독일에서는 '빛의 정리Strahlensatz'라고 한다)의 알려진 가장 오래된 증명은 그리스의 수학자 유클리드Euclid가 지은 『원론Elements』에 남아 있다. 기원전 300년경에 쓰인 이 개론서는 대략 기원전 625~547년에 살았던 밀레투스의 탈레스보다 상당히 후대에 쓴 글이다. 이 정리를 탈레스와 명확히 결부시킬 만한 것은 그가 서로 닮은 두 삼각형의 비례 관계를 이용해 자신의 그림자를 측정하고 그로부터 피라미드의 높이를 계산했다는 업적뿐이다.

마찬가지로 피타고라스의 정리도 피타고라스가 이 정리의 발견

자라고 주장할 수는 없다. 바빌로니아 사람들은 이 정리를 알고 있었다. 피타고라스보다 족히 1,000년 앞선 시대의 여러 점토판에 그 흔적이 분명히 나타나 있다.

바빌로니아 학자들은 이 정리를 이용해 다양한 문제를 풀었는데, 이것을 게임처럼 했던 것 같다. 그들은 직각삼각형의 특성을 말해주는 정확한 표현을 만들지는 않았으나 실용적 규칙(오늘날의 말로는 연산법)을 적용해 직각삼각형 두 변의 길이를 이용해서 빗변의 길이를 알아낼 수 있었다.

탈레스의 정리와 마찬가지로, 이 정리에 관해 알려진 최초의 증명은 유클리드의 『원론』에 남아 있다. 따라서 피타고라스보다 두 세기 정도 뒤의 일이다.

이 증명은 아주 기발하다. 당시 명백히 알려져 있던 삼각형의 넓이와 직사각형의 넓이 공식을 이용한 것이다.

유클리드의 훌륭한 논증은 한 직각삼각형 그림에서 출발한다. 이 삼각형에서 빗변의 길이는 c이고, 다른 두 변의 길이는 a, b이다. 삼각형의 각 변 위에는 세 개의 정사각형이 그려져 있다. 이때 빗변 위에 그려진 정사각형의 넓이 c^2은 다른 두 변 위에 있는 두 정사각형 넓이의 합 $a^2 + b^2$과 같다.

유클리드의 피타고라스의 정리 증명

삼각형의 넓이를 구하는 공식을 떠올려보자.

$$T = (\text{높이} \times \text{밑변})/2$$

그리고 직사각형의 넓이를 구하는 공식을 보자.

$$R = \text{가로} \times \text{세로}$$

직사각형 BJRG의 넓이의 절반은 삼각형 OGB의 넓이와 같고(삼각형의 넓이 공식 참고), 이것은 삼각형 FAB의 넓이와 같으며(왜냐하면 FBA는 OGB를 90도 회전하여 얻어지므로) 정사각형 EOBF 넓이의

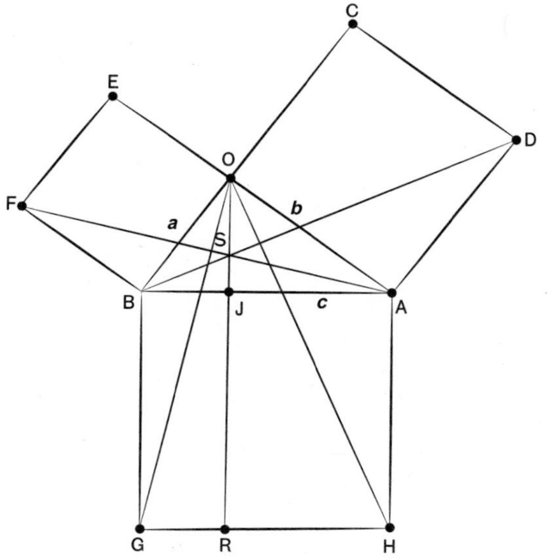

절반이다. 그러므로 직사각형 BJRG와 정사각형 EOBF의 넓이는 같다. 같은 방법으로 직사각형 JAHR과 정사각형 CDAO의 넓이도 같다.
이를 통해 정사각형 BAHG의 넓이는 정사각형 EOBF와 CDAO의 넓이의 합과 같음을 알 수 있다. 바로 이것이 우리가 증명하고자 하는 $a^2 + b^2 = c^2$이다.

다른 증명도 많다. 그중에서도 나는 15세기 레오나르도 다빈치 Leonardo da Vinci의 증명을 매우 좋아하고 정말 아름답다고 생각하는데, 그의 증명은 유클리드의 작도와 비슷한 방법에 기초한다.

레오나르도 다빈치의 피타고라스의 정리 증명

네 개의 사각형 OAHZ, OZGB, FECD, DABF는 정확히 같은 모양이다. 왜냐하면 이 사각형들의 작은 변 세 개는 길이가 같고(긴 변인 b, 다음으로 빗변인 c, 그리고 작은 변인 a는 우리가 연구 중인 직각삼각형의 세 변), 긴 변과 빗변이 이루는 각이 같으며, 빗변과 작은 변이 이루는 각이 같기 때문이다. 따라서 이 네 개의 사각형은 넓이가 모두 같다.
이것을 둘씩 합치면 육각형 FECDAB와 OAHZGB의 넓이가 같음을 알 수 있다.

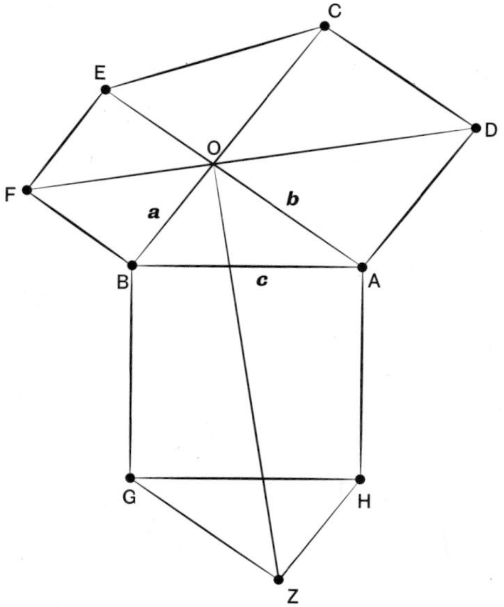

첫 번째 육각형의 넓이는 연구 대상인 직각삼각형 넓이의 두 배에, 정사각형 EOBF의 넓이인 a^2과 정사각형 CDAO의 넓이 b^2을 합한 것과 같다. 두 번째 육각형의 넓이는 정사각형 BAHG의 넓이인 c^2에 연구 대상인 직각삼각형 넓이의 두 배를 더한 것과 같다. 앞선 증명과 마찬가지로, 작은 정사각형 두 개의 넓이는 큰 정사각형의 넓이와 같다는 결론이 나오고, 이것이 바로 우리의 목표인 $a^2 + b^2 = c^2$이다.

그런데 넓이 공식에 근거한 이 증명들은 『주비산경周髀算經』에 실린 것만큼 명쾌하고 즉각적이지 못하다. 『주비산경』은 중국 주 왕조

때 편찬된 수학 문제집으로, 기원전 200년까지 개정되었다. 도형 이동을 통한 이 증명은 기하학적 형태를 바꿀 때 그 넓이는 바꾸지 못한다는 점에 근거한다.

이제 여러분께 아래 두 그림을 가지고 『주비산경』의 증명을 단순화해서 보여주겠다.

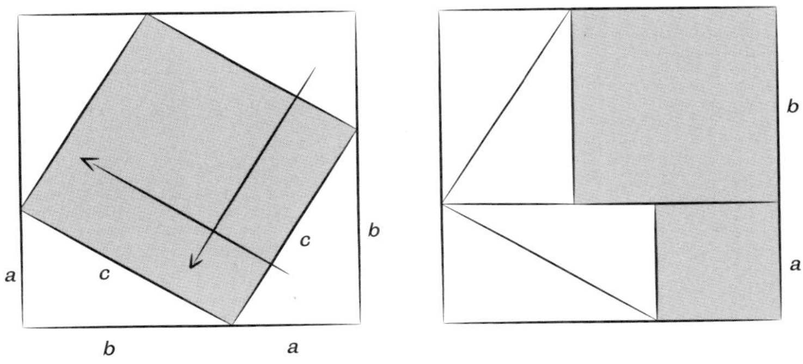

『주비산경』에서 피타고라스의 정리 증명

왼쪽 그림의 큰 정사각형 넓이는 우리의 연구 대상인 직각삼각형 넓이의 4배에, 이 삼각형의 빗변 위에 만들어진 정사각형의 넓이를 더한 것이다. 오른쪽 그림의 똑같이 큰 정사각형은 오른쪽 아래 삼각형을 옮겨 왼쪽 위 삼각형에 붙이고, 오른쪽 위 삼각형을 옮겨 왼쪽 아래 삼각형에 붙이면 만들어진다. 이제 오른쪽 그림에서 큰 정사각형의 넓이는 네 개의 직각삼각형 넓이, 짧은 변 위에 만들어진 정사각형의 넓이, 그리고 긴 변 위에 만들어진 정사각형의 넓이를 합한 것이다. 왼쪽과 오른쪽 그림에서 각각삼각형 네 개의 넓이를 빼면 기다리던 결과가 얻어진다. 즉, 회색 부분의 면적이 같으므로 $a^2 + b^2 = c^2$이다.

휜 공간

피타고라스의 정리는 기하학의 주목할 만한 결과다. 이 정리는 다양한 경우에 쓰이는데 기하학적 추론이나 일상생활에서 거리를 측정할 때 사용된다. 그런데 피타고라스의 정리가 모든 공간에서 참일까? 특히 우리가 사는 물리적 공간에서 이 정리가 완벽히 정확하다고 할 수 있을까?

대답하자면 "아니다. 하지만 별로 문제는 안 된다"이다. 사실 우리의 공간은 유클리드 기하학이라고도 하는 순수 기하학의 공간과 거의 같다. 다만 알베르트 아인슈타인Albert Einstein이 1907년에서 1915년 사이에 내놓은 일반 상대성 이론에 따르면 이 공간에 있는 물질은 공간을 살짝 왜곡시킨다(23쪽 그림 참고). 이 왜곡 때문에 변의 길이가 a, b, c인 직각삼각형에서도 $a^2 + b^2 = c^2$이라는 등식이 정확히 성립할 수 없을 것이다.

그러나 다행히 우리가 사는 차원에서는 직선을 휘어지게 하고 유클리드 기하학의 결론을 그르치게 하는 공간의 왜곡이 지극히 작아, 그것을 좀처럼 측정하기 힘들다. 그러므로 목공을 하거나 정원에서

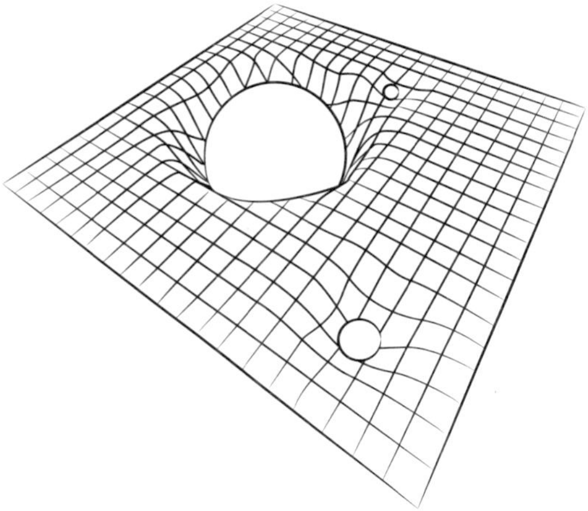

무거운 물체에 의한 공간의 왜곡

길이를 잴 때 안심하고 피타고라스의 정리를 믿어도 될 것이다!

그런데 지구상 한 지점에서 다른 지점으로 아주 긴 여행을 계획할 때는 지구 표면이 유클리드 평면이 아니라는 점을 고려해야 한다. 그러므로 비행기의 경로를 정하기 위해 항공 관제사들은 평면에 대한 통상적인 기하학(유클리드 기하학)적 견해가 아닌 다른 기하학(비유클리드 기하학)적 견해들을 이용한다.

피타고라스의 정리에 대한 중국 수학책의 증명은 구체의 표면에 대해 흥미로운 결론을 제시한다. 구체의 표면은 유클리드 공간이 아니고, 이 표면에서는 특히 한 변이 a인 정사각형의 넓이가 a^2과 같지 않다. 오히려 조금 더 넓다. 그 이유는 정사각형의 모양이 살짝 부풀기 때문이다. 정사각형의 변이 매우 길면 이 넓이는 심지어 a^2을 많이 초과할 수도 있다. 따라서 직각삼각형이 있는 구체의 표면에서 일어나는 일은 피타고라스의 정리가 우리에게 말하는 바와 아무런 관계가 없다고 할 수 있다. 그러나 우리의 물리적 공간에서처럼 직각삼각형이 구체의 반지름에 비해 지극히 작으면 마치 지구 표면이 실제로 평평한 것처럼, 즉 지표면이 유클리드 평면과 같다고 가정하고 실제에 상당히 가까운 값을 얻을 수 있다.

그런데 더 좋은 방법이 있다. 『주비산경』의 증명에서 사용된 논거를 살펴보면, 구체의 표면에서 어떤 형태(삼각형, 정사각형 등)를 미끄러지듯 이동시킬 때 그것의 넓이는 조금도 변하지 않는다는 것을 알 수 있다. 이는 표면의 휘어짐이 어느 방향으로든, 어디에서나 같기 때문이다. 그러므로 도형 이동을 통한 증명이 가능하다. 하지만 반드시 재해석되어야 한다. 이 증명이 우리에게 알려주는 경이로운 결과는 이렇다. 구체에서 직각삼각형의 빗변 위에 만들어진 정사각형의 넓이는 두 개의 다른 변 위에 만들어진 정사각형 넓이들의 합과 정확히 같으며, 이것은 심지어 $c^2 = a^2 + b^2$으로 쓸 수 없다고 해도 마찬가지다.

무리수의 공포

피타고라스의 정리는 잠시 제쳐두고, 전해오는 이야기에 따르면 피타고라스학파에 불안과 공포를 유발했다고 하는 수로 관심을 돌려보자. 제곱하면 2가 되는 이 수의 이름은 2의 제곱근이며 $\sqrt{2}$라고 표기한다. 이것의 값은 1.4142135…이다.

이 수는 두 정수의 비로 나타낼 수 없는데, 이것은 임의의 두 정수 n, m으로 표기할 수 있는 n/m 형태의 무한히 많은 분수 중에서 값이 2가 되는 n^2/m^2 형태의 제곱수는 전혀 없다는 뜻이다. 그래서 $\sqrt{2}$를 무리수라고 한다.

$\sqrt{2}$는 종종 '피타고라스의 수'라고 불린다. 그 이유는 어쩌면 피타고라스나 그의 제자 중 한 명이 이 무리수성을 발견했을지도 모르기 때문이다. '무리수성'이란 우주 안의 모든 것이 정수를 통해 설명될 수 있다는 믿음을 뒤엎어버린 속성을 말한다. 이 수는 그 존재 자체가 피타고라스의 철학을 반박하는 한 형태였다. 피타고라스가 상수 $\sqrt{2}$의 이런 무리수성을 알고 있었다고 단언할 만한 증거는 없다. 게다가 그가 이것을 알았다고 해도 내가 방금 한 것처럼 말하지는 않았을 것이다. 다만, 정사각형의 대각선과 한 변 간의 '약분 불가능성'에 대해 말했을 것이다. 두 값 A, B는 만일 그들의 관계가 두 정수의 비로 나타나지 않을 때, 다시 말해 $m\mathrm{A} = n\mathrm{B}$인 정수 n과 m이 존재하지 않을 때 '약분 불가능하다'고 한다.

피타고라스가 정사각형의 대각선과 한 변의 약분 불가능성을 알았다고 말할 수 없다는 것과 별개로, 이것은 기원전 4세기경 발견되었다. 이 발견은 훗날 그리스 수학의 발전에 중대한 역할을 했다. 왜냐하면 이 성질이 모두가 수용해야 하는 법칙을 발견하게 하는 논리적 추론의 힘을 보여주었기 때문이다. 여기서 모두가 수용해야 할 법칙이란 수의 세계, 더 보편적으로 수학의 세계는 인간 정신의 창조물이 아니라 우리가 사는 세계만큼 실질적이고 우리의 의지와 별개로 존재하는 하나의 우주임을 뜻한다.

불미스러운 일에 얽힌 메타폰툼의 히파수스

전해오는 이야기에 따르면 피타고라스의 제자로 기원전 500년경에 살았던 메타폰툼의 히파수스Hippasus는 정사각형의 대각선과 변의 약분 불가능성을 알고 있었다. 그는 이것을 비밀로 간직하지 않고 동료 제자들에게 이 철학적 참사를 알렸다. 이때 그는 학파에서 추방되어 죽음을 맞았다고 전해진다. 하지만 그가 자신이 배척당한 것에 절망해 바다에 뛰어들었다는 설도 있고, 그에게 불만을 품은 제자들이 그를 죽여 강물에 던졌다는 주장도 있다!

약분 불가능성이 최초로 언급된 기록은 기원전 369년경에 쓰인 플라톤Platon의 『테아이테토스Theaitetos』다. 이 글은 키레네의 테오도로스Theodoros의 제자인 젊은 수학자 테아이테토스Theaitetos와 소크라테스Socrates가 나눈 대화를 보여주면서 오늘날 우리가 몇 가지 정수의 제곱근의 무리수성이라 이해하는 것을 설명한다. 그로부터 역사가들은 이 시대에 $\sqrt{2}$의 무리수성이 꽤 오래전부터 알려져 있었다고 결론짓는다. 조금 후대의 아리스토텔레스Aristoteles는 〈오르가논Organon〉 저작물 중 하나에서 귀류법의 예로 정사각형의 대각선과 변의 약분 불가능성을 증명하는 추론을 든다. 이것은 $\sqrt{2}$의 무리수성에 대해 알려진 최초의 증명이다.

$\sqrt{2}$의 무리수성은 두 가지 유형의 방식으로 얻어지지만 늘 귀류법에 기초한다. 귀류법이란 A라고 가정하고 그것을 따져 모순 또는 불합리로 결론 날 때, 그러므로 A는 거짓이라고 하는 것이다. 첫 번째 유형의 방식은 도형과 기하학적 추론을 이용한다. 두 번째 유형은 정수와 정수의 특성들만 사용한다. 여러분에게 이 두 유형의 몇 가지 예를 소개할 것이다. 그 결론이 수학에서 너무나 중요하므로, $\sqrt{2}$의 이런 대단한 특성에 대한 증명이 수십 개나 있다는 점을 꼭 알아두기 바란다.

기하학적 증명

$\sqrt{2}$의 무리수성에 대한 가장 고전적인 기하학적 증명은 가상의 정사각형에 관한 추론을 이용한다. 이 정사각형은 가능한 한 가장 작고 이것의 대각선과 변의 길이는 약분 가능하다고 가정한다.

'고전적인' 기하학적 증명

정사각형의 대각선과 변의 길이가 약분 가능한 관계라고 가정한다. 그러므로 이제 나올 정사각형의 대각선과 변의 길이는 정수이며 각각 n, m이다. 이런 특성을 가진 가능한 한 가장 작은 정사각형 ABCD를 고른다.

반지름의 길이가 m인 원의 중심 C는 정사각형의 오른쪽 아래 모서리에 있고, 이 원과 대각선 AC는 점 D에서 만난다. 대각선 AC와 점 D에서 만나는 수선은 수직 방향인 변 AB와 점 E에서 만난다. 이때 직각삼각형 ADE는 이등변삼각형이다. 삼각형의 내각의 합은 180도이고, 내각 AED는 내각 EAD와 마찬가지로 45도임을 알 수 있기 때문이다. 삼각형 EDB 역시 이등변인 이유는 같은 원에 접하는 두 개의 접선이 서로 만나는 경우 이등변삼각형의 두 변이 되기 때문이다. 결과적으로, 삼각형 ADE의 변의 길이는 $n - m$ 그리고 $2m - n$이다. 이 직각삼각형에 똑같은 것을 하나 더 붙이면 대각선과 변의 길이가 각각 정수 $2m - n$, $n - m$인 정사각

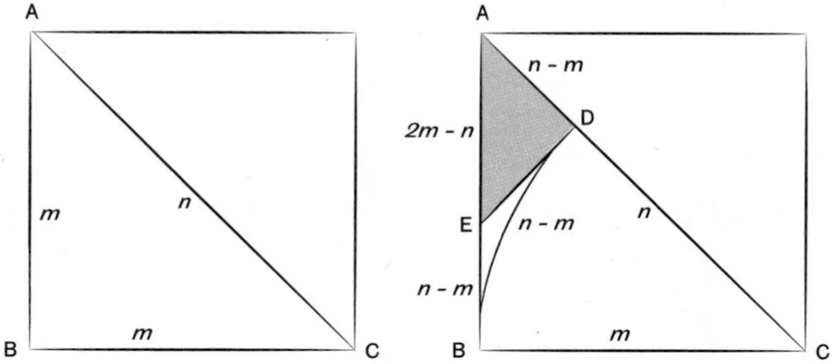

형이 된다. 그런데 정수 $n-m$은 m보다 작고 정수 $2m-n$은 n보다 작다. 이것은 불가능하다. 왜냐하면 m과 n은 가능한 한 가장 작은 정사각형을 만들 수 있는 가장 작은 수로 선택되었기 때문이다. 결과로 얻은 모순을 통해 대각선과 변의 길이가 정수인 정사각형은 존재하지 않음을 알 수 있다. 즉, $\sqrt{2}$는 무리수다.

상당히 놀랍게도 더 간단하고 훌륭한 기하학적 증명을 발견한 이는 20세기 수학자 스탠리 테넨바움Stanley Tennenbaum이다. 그는 수학 게임의 창시자 존 콘웨이John Conway의 친구인데, 콘웨이가 2006년에 이 증명을 소개했다. 이 기발한 증명을 살펴보자.

$\sqrt{2}$가 두 정수 n과 m의 몫 n/m이라는 것은 $2=n^2/m^2$ 혹은 $2m^2=n^2$이라는 뜻도 된다. 그러므로 변의 길이가 m인 정사각형(아래 그림에서 짙은 회색)이 있을 것이고 이것을 두 개 복제하면 그 넓이는 변의 길이가 n인 정사각형(아래 그림에서 연한 회색)의 넓이와 같을 것이다.

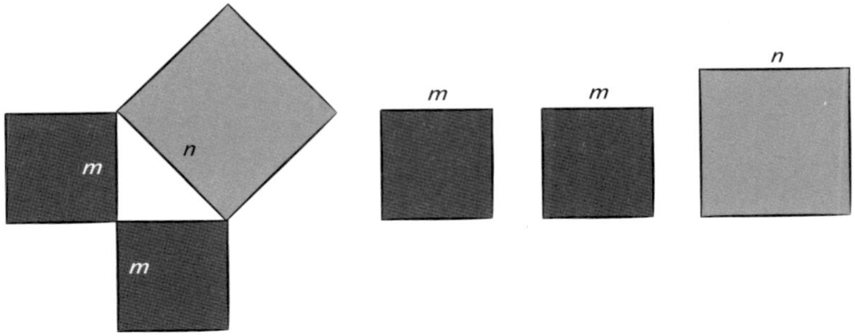

우리는 그림에서 m이 이런 기하학적 동일성을 나타내도록 하는 가능한 한 가장 작은 수임을 짐작할 수 있다. 왜냐하면 하나의 속성이 어떤 정수에 있어 참일 때 그 속성을 입증하는 더 작은 정수가 반드시 있기 때문이다.

이제 우리는 도형을 이동시킬 것이다. 연한 색 정사각형 안에 짙은 색 정사각형 두 개를 놓되 정반대 방향 두 모서리에 꼭 맞게 놓으면 새로운 도형(아래 왼쪽 그림)이 만들어지는데, 그 안에서 두 개의 짙은 정사각형은 부분적으로 겹친다.

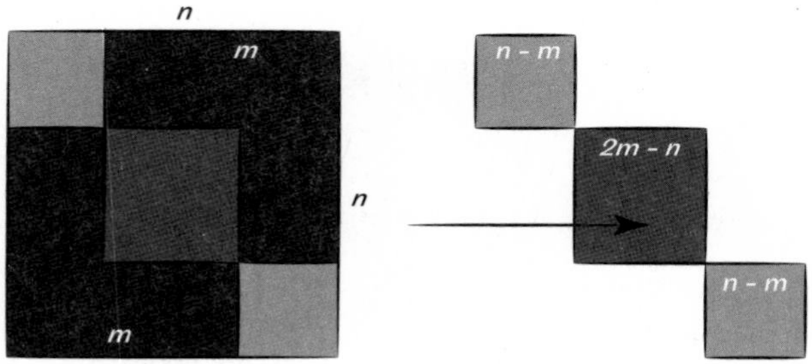

왼쪽 위(이하 HG) 그리고 오른쪽 아래(이하 BD)에 있는 두 개의 작은 정사각형(오른쪽 그림에 구분되어 있음)의 넓이는 두 정사각형이 겹치는 부분에 있는 중앙의 정사각형(이하 CC)의 넓이와 같다. 사실 삽입된 두 정사각형의 넓이는 큰 정사각형의 넓이와 같으므로, 삽입된 작은 정사각형들로 덮이지 않은 부분의 넓이는 두 번 덮인 부분의 넓이와 같다. 따라서 더 작고 똑같은 모양인 두 정사각형 HG와 BD를 합한 넓이는 더 큰 정사각형 CC의 넓이와 같음을 알 수 있다. 계산해보면 새로운 작은 정사각형 HG와 BD는 각각 변의 길이가 정수인 $n-m$이고, 큰 정사각형의 변의 길이는 정수인 $n-2(n-m)=2m-n$이다.

이것은 결국 처음에 나왔던 변의 길이가 m인 정사각형이 기하학적 동일성을 허락해주는 가능한 한 가장 작은 정사각형이 아니라는 뜻이다. 우리는 모순에 도달했고, 따라서 처음의 가정은 거짓이다. 다시 말해 $\sqrt{2}$는 두 정수의 몫이 아니라 무리수다.

산술적 증명

$\sqrt{2}$의 무리수성에 대한 산술적 증명은 기초 지식을 거의 사용하지 않고도 설명될 수 있다. 여기 가장 간단한 증명이 있다.

$\sqrt{2}=n/m$이며 n, m은 두 개의 정수라고 가정해보자. m, n이 둘 다 짝수가 아니라는 가정을 추가해도 좋다. 만일 짝수라면 분수를 약분해야 할지도 모르기 때문이다. 다시 말해, 필요하다면 분자 또는 분모가 홀수가 될 때까지 계속 2로 나눠야 하기 때문이다. 앞서 가정한 등식으로부터 $2=n^2/m^2$ 그리고 $2m^2=n^2$을 도출한다. 홀수의 제곱수는 홀수다. 따라서 n은 짝수이고($2m^2$이 짝수이므로), 어떤 정수 k를 이용해 $n=2k$라고 표기한다. 등식 $2m^2=n^2$에서 n에 $2k$를 대입하면 $2m^2=4k^2$이 되고, 양변을 2로 나누면 $m^2=2k^2$이 되는데, 여

기서 m은 짝수(m의 제곱수가 짝수이므로)라는 결론이 나온다. 따라서 m, n은 둘 다 짝수였음을 알게 된다. 그런데 이것은 두 수 중 적어도 하나가 홀수가 되도록 처음의 분수를 약분한다는 가정에 모순된다. 결국 $\sqrt{2}$는 두 정수의 몫이라는 우리의 가정은 거짓이고, 따라서 $\sqrt{2}$는 무리수다.

모든 정수는 소수의 곱을 이용해 고유한 방식으로 분해된다(이것을 '소인수분해'라고 한다. 예를 들면, $140 = 2 \times 2 \times 5 \times 7$)는 것을 아는 이에게는 아주 짧은 증명이 가능하다. 사실 어떤 정수 k의 제곱수인 k^2의 소인수의 개수는 반드시 짝수다. 왜냐하면 k의 각 소인수는 k^2의 소인수분해 과정에서 두 번 등장하기 때문이다. 결과적으로 등식 $2m^2 = n^2$은 불가능하다. 왜냐하면 좌변의 소인수분해에서는 소인수의 개수가 홀수 개인 반면 우변에서는 짝수 개로 나타나는데, 이는 소인수분해의 유일성에 모순되기 때문이다.

이 아이디어는 다른 제곱근으로도 확장되어, 예를 들면 $\sqrt{3}$, $\sqrt{5}$, $\sqrt{7}$이 무리수임을 증명해준다. 어떤 제곱수의 소인수분해에서 각 소인수가 짝수 번 반복됨을 안다면 어떤 정수 k에서도 k가 제곱수가 아닐 때만 $\sqrt{k}$는 무리수라는 보다 일반적인 결론에 도달한다.

우리가 이제껏 해온 추론에서 사용한 짝수, 홀수, 소수라는 개념들은 유클리드가 그의 『원론』에서 완벽하게 다루었다. 하지만 어느 지점까지인지 정확히 정할 수 없을지라도 최소한 부분적으로는 그 개념들을 이미 피타고라스가 능숙하게 다루었음을 부인할 수 없다.

이 개념들에 관한 수학적 연구는 멈춘 적이 없다. 다음 장들에서 살펴보겠지만, 수학자들은 오늘날에도 한결같이 소수의 새로운 특성을 발견하고 있으며, 이와 더불어 '추측'이라고 주장되었으나 증명된 적은 없는 몇 가지 명제를 끈질기게 파헤치고 있다.

2장

수의 계열

피타고라스는 짝수와 홀수를 구별할 뿐 아니라 또 다른 범주도 구분해 모듈로modulo 계산을 통해 그 정수들의 관계와 특성을 찾아낸다. 도형수는 기하학에 관한 것으로, 삼각수, 사각수, 입방수, 오각수 또는 육각수 등으로 불린다. 이 수를 설명하는 단순한 표현을 찾아내고 이들의 합을 연구하며 이것들을 멋진 식으로 표현하는 것은 지성을 발휘하고 수학적 귀납법의 힘을 헤아려보며 말이 필요 없는 경이로운 증명을 만들어낼 꿈 같은 기회다.

짝수와 홀수

$\sqrt{2}$가 두 정수의 비로 나타나지 않음을 증명하기 위한 가장 간단한 추론은 수의 홀짝성(1장 참고)만 이용하는 것이다. 피타고라스학

파는 짝수와 홀수를 구별해왔으며, 이 둘에 근본적으로 다른 '성질'을 부여했다. 피타고라스의 제자인 그리스 시인 에피카르모스Epicharmos는 이렇게 썼다. "홀수 하나 또는 짝수 하나를 고른 뒤 거기에 1을 더하거나 뺀다고 가정해보라. 그러면 그대는 이 수가 여전히 같다고 생각하는가? 물론 아닐 것이다!" 피타고라스학파 사람들에게 홀수와 짝수의 특성은 명확했다.

- 짝수(p)는 정의상 홀수(또는 짝수!)의 두 배다. $p = n + n = 2n$. 숫자 0은 짝수로 생각해야 한다. $0 = 2 \times 0$이기 때문이다.
- 정수를 차례로 따라가면 두 번에 한 번은 짝수를 만난다. 0, ~~1~~, 2, ~~3~~, 4, ~~5~~, 6, ⋯
- 홀수(i)는 짝수가 아닌 수이고, 따라서 앞의 특성에 따라 홀수는 짝수 다음에 온다. 그러므로 어떤 정수 n을 이용해 $i = 2n + 1$로 표기한다.
- 짝수를 어떤 식으로 더하든 그 합은 짝수다.
- 홀수를 짝수 번 더하면 짝수이고 홀수 번 더하면 홀수다.
- 짝수 $p = 2n$의 제곱수는 4의 배수다. 왜냐하면 $p^2 = 2n \times 2n = 4n^2$이기 때문이다.
- 홀수의 제곱수는 홀수다. $3^2 = 9, 5^2 = 25, 7^2 = 49, \cdots$
- 홀수끼리는 몇 번을 곱해도 홀수다.

- 정수들을 곱할 때 그중 하나가 짝수이면 결과도 짝수일 것이다.

« 홀수는 같은 수 두 개로 나뉠 수 없는 수 또는 짝수에서 1만큼 떨어진 수다. »

유클리드, 『원론』 제7권

같은 방식으로, 어떤 정수의 세 배로 얻어진 수, 즉 3의 배수인 0, 3, 6, 9, 12, …의 특성을 찾아낼 수 있다.

3의 배수의 제곱수가 9의 배수라는 건 바로 이해될 것이다. 이것들은 모두 $3n$의 형태로 표기하고 3의 배수가 아닌 수는 정수 n을 이용해 $3n+1$ 또는 $3n+2$로 표기한다. 마찬가지로 4, 5, … 등의 배수도 연구할 수 있다.

짝수, 3의 배수, 4의 배수 등을 어떻게 구별할 수 있을까? 쉽다. 나누어서 '딱 맞아떨어지는지' 알아보면 된다. 그런데 나누기를 안 할 수는 없을까? '가분성divisibility의 기준'을 이용하면 가능하다.

우리는 이 기준을 다시 살펴볼 것이다. 이것들을 통해 수의 아름다운 특성 몇 가지를 발견할 수 있기 때문이다.

그런데 그 전에 한 가지 알아두자. 고대 그리스인들은 우리가 짝수와 홀수의 특성을 소개하기 위해 방금 사용했던 표기법을 사용하지 않았다.

위치적 십진기수법

오늘날 우리는 산수 문제를 접할 때 수는 '십진법'을 토대로 표기되며 10개의 숫자 0, 1, 2, 3, 4, 5, 6, 7, 8, 9가 자리에 따라 일의 자리, 십의 자리, 백의 자리 등을 가리킨다는 것을 모두가 안다고 당연히 가정한다. 우리는 25, 2023 그리고 51,630,000(2022년 거주자 수로 나타낸 대한민국 인구) 그리고 1,915,777,500,000,000(원화로 표기한 2021년 한국 GDP)이라는 표기를 당연하게 생각한다.

고대 그리스인들과 로마인들은 이런 표기법을 몰랐다. 그들의 표기법은 간편하지 않아, 수를 비교하고 기본적인 연산을 하기가 쉽지 않았다.

10개의 숫자(0 포함)만 사용하고 자리에 따라 수를 다르게 해석한다는 개념은 5세기부터 인도에서 아주 서서히 받아들여졌다. 처음에 수학자들은 숫자 0이 어떤 자릿수에 오든 0이라는 수를 빈자리로 두었다. 이것은 당연히 오류를 일으켰다. 숫자 0을 동그라미나 점으로 표기하고 다른 수와 같은 자격의 수로 받아들인 것은 7세기 캄보디아와 9세기 인도에서였다.

십진기수법은 덧셈, 뺄셈, 곱셈, 나눗셈의 사칙연산을 아주 간단하게 만들었다. 이 표기법은 이후 아랍 세계로 전파되었고 10세기에는 유럽에까지 도달했다. 이것은 우리 대부분이 알지 못했던 놀라운 단순함과 효율성을 보여주었다. 그래서 그토록 익숙해져 버린 것이다!

우리는 이제 최초의 수학자들이 가졌던 지식을 금방식으로 나타내고 명확히 정의해 널리 전파할 수 있다. 산술과 기하학에서 섬세한 추론을 할 수 있었던 그리스인들이 정수를 표현하고 다루는 실용적이고 간단한 수단을 만들고 채택할 줄 몰랐다는 점이 나로서는 놀랍다.

> « 모든 수를 표현하게 해주는 기발한 방법이 지금은 너무나 쉬워 보여 우리는 이것의 진정한 가치를 모르고 있다. »
>
> 피에르시몽 라플라스Pierre-Simon Laplace(프랑스의 수학자)

가분성의 기준

이 강력하고 완벽한 도구 덕분에 짝수와 다른 배수들을 판별하기가 쉬워졌다.

2로 나눌 수 있는 기준: 어떤 수는 그 십진법 표기가 짝수인 숫자(0, 2, 4, 6, 8)로 끝날 때만 짝수라는 것을 여러분은 잘 알고 있다.

3으로 나눌 수 있는 기준: 3의 배수는 각 자릿수를 고려해야 한다. 각 자릿수의 합이 3의 배수일 때만 3의 배수다. 예를 들어, 987654321은 3의 배수다. 각 자릿수를 더하면 9 + 8 + 7 + 6 + 5 +

$4 + 3 + 2 + 1 = 45$가 나오는데, 이것은 3의 배수다. $4 + 5 = 9$가 3의 배수이기 때문이다.

4로 나눌 수 있는 기준: 마지막 두 자릿수가 4의 배수일 때만 이 수는 4의 배수다. 120382828111820은 4의 배수다. 20이 4의 배수이기 때문이다. 더 일반적으로 말하면 어떤 수가 2^n(n은 자연수)의 배수인 경우는 이 수의 마지막 n개 자릿수가 2^n의 배수일 때뿐이다.

5로 나눌 수 있는 기준: 어떤 수가 5의 배수인 경우는 마지막 숫자가 0 또는 5일 때뿐이다.

6으로 나눌 수 있는 기준: 어떤 수가 6의 배수인 경우는 이 수가 2의 배수인 동시에 3의 배수일 때뿐이다.

7로 나눌 수 있는 기준: 어떤 수가 7의 배수인 경우는 십의 자리 이상 숫자에 일의 자리 수에 5를 곱해 더한 결과가 7의 배수인 경우뿐이다. 얻어진 수가 정확히 56($= 7 \times 8$)보다 작을 때까지 이 법칙을 계속 적용한다. 마지막 결과가 7의 배수일 때만 처음 수가 7로 나누어지는 수다. 예를 들어보자. 1652는 7로 나누어진다. 왜냐하면 $165 + 5 \times 2 = 175$이고, $17 + 5 \times 5 = 42 = 7 \times 6$ 이기 때문이다.

8로 나눌 수 있는 기준: 8의 경우는 이미 언급했다. $8 = 2^3$이기 때문이다. 마지막 세 개의 자릿수가 8의 배수인지 보면 된다.

9로 나눌 수 있는 기준: 9의 경우는 누구나 알고 있다. 어떤 수 n이 9의 배수인 경우는 각 자릿수의 합이 9의 배수일 때뿐이다. 이것은 널리 알려진 '구거법九去法'의 기초가 된다.

구거법

손으로 셈한 것을 빨리 검산하기 위해 초등학생들은 오랫동안 '구거법'을 배워왔다.

곱셈 $ab = r$에 구거법을 적용하려면 첫 번째 인수 a의 각 자릿수를 합하면 되는데, 0~8까지의 정수가 나올 때까지 계속한다. 이것을 첫 번째 인수의 삭감이라고 한다. 같은 식으로 두 번째 인수 b를 삭감한다.

얻어진 두 수를 곱해 그 결과를 또 삭감한다. 이때 얻은 결과는 r의 삭감 결과와 같아야 한다. 오류가 있다면 곱셈이 잘못된 것이므로 r 계산을 다시 해야 한다!

예를 들어, 곱셈 $134 \times 987 = 132258$을 구거법으로 검산해보자.

134의 삭감:	$1 + 3 + 4 = \mathbf{8}$
987의 삭감:	$9 + 8 + 7 = 24,\ 2 + 4 = \mathbf{6}$
$8 \times 6 = 48$의 삭감:	$4 + 8 = 12,\ 1 + 2 = \mathbf{3}$
132258의 삭감:	$1 + 3 + 2 + 2 + 5 + 8 = 21,$ $2 + 1 = \mathbf{3}$

각각 3이 나왔다.

곱셈 134×987의 답은 맞는 것 같다.

그런데 어떤 경우(정확히 아홉 번에 한 번) $11 \times 99 = 1809$에서처럼 구거법이 잘못 기능할 수도 있다는 점을 알아두자.

10으로 나눌 수 있는 기준: 어떤 수가 10으로 나누어지는 경우는 그 수가 0으로 끝나는 경우뿐이다. 100, 1000 등 즉각적으로 떠올릴 수 있으므로 여러분께 맡긴다.

11로 나눌 수 있는 기준: 어떤 수가 11로 나누어지는 경우는 이 수의 짝수 번째 자릿수의 합과 홀수 번째 자릿수의 합의 차가 11의 배수인 경우뿐이다.

예를 들어보자. 1234321은 11로 나누어떨어질까? 계산해보면 1 + 3 + 3 + 1 = 8, 그리고 2 + 4 + 2 = 8이다. 둘의 차 8 − 8 = 0이므로 11의 배수가 맞다. 나눗셈을 하면 1234321 ÷ 11 = 112211이 나온다.

그렇다면 50512는 어떤가? (5 + 5 + 2) − (0 + 1) = 11이므로 50512는 11의 배수다. 실제로 50512 ÷ 11 = 4592다.

모듈로 연산

이런 것들은 어떻게 증명할 수 있을까?

나는 9로 나누어떨어지는 기준을 가지고 설명할 것이다. 이것은 널리 사용되며, 많은 다른 문제를 푸는 데도 유용하다. 이 방법은 바로 '모듈로 연산'이다. 모듈로 연산이 고대 몇몇 문헌에서 발견되기는 하지만 정확히 설명하고 이론화한 것은 1801년에 출간된 카를 프리드리히 가우스Carl Friedrich Gauss의 책 『산술 연구Disquisitiones arithmeticae』다.

기본 개념은 언제나 0에서 8 사이 수로 돌아오는 것으로, 8을 초과하거나 0 이하일 때 9를 몇 번이고 빼거나 더해 0~8 사이의 값을 얻는다. 이것을 '모듈로 9' 연산이라고 하며, 이것을 나타내기 위해서는 = 대신 ≡ 기호를 사용한다(44쪽 글 상자 참고).

가우스는 이런 식의 계산을 하면 원할 때, 즉 계산하기 전이나 끝날 때 또는 심지어 계산하는 도중에 모듈로 9 삭감을 할 수 있으며, 최종 결과는 언제나 같음을 보여주었다.

구거법의 정당성도 여기서 비롯된다. 두 수의 곱의 모듈로 9 값을 얻는 방법은 두 가지가 있으며, 실수하지 않는다면 두 방법의 결과는 같다.

첫 번째 방법은 인수들의 모듈로 9 값을 계산해서 얻은 값들을 곱한 결과의 모듈로 9를 계산하는 것이다. 두 번째 방법은 일단 두 수의 곱을 계산하고, 이때 얻은 결과의 모듈로 9 값을 계산한다.

모듈로 연산은 방금 살펴본 것처럼 9로 실행될 뿐 아니라 어떤 정수로도 가능하다.

예를 들면, 모듈로 11을 계산해 11로 나누어떨어지는 기준을 증명할 수 있다. 이것은 수에 관한 어떤 결론이라도 증명할 수 있는 강력한 도구다. 예를 들면, 어떤 정수의 제곱수는 결코 2, 3, 7 또는 8로 끝나지 않음을 증명할 수 있다.

모듈로 9 연산하기

모듈로 9 연산의 몇 가지 예를 살펴보자.

$5 + 6 \equiv 11 \equiv 11 - 9 \equiv 2$ (모듈로 9)

$4 \times 6 \equiv 24 \equiv 24 - 9 - 9 \equiv 6$ (모듈로 9)

$50 - 10 \times 10 \equiv -50 \equiv -50 + 9 \times 6 \equiv 4$ (모듈로 9)

$6 \times 6 + 7 \times 7 + 1 \equiv 36 + 49 + 1 \equiv 0 + 4 + 1 \equiv 5$ (모듈로 9)

10의 거듭제곱인 수는 모두 1(모듈로 9)임을 알 수 있다.

$10 \equiv 1$ (모듈로 9)

$100 \equiv 10 \times 10 \equiv 1$ (모듈로 9)

$10^n \equiv 1$ (모듈로 9), n은 정수.

이 특성은 자릿수가 여러 개인 십진수의 경우 주목할 만한 결론을 보여준다.

$\mathbf{123} \equiv \mathbf{1} \times 100 + \mathbf{2} \times 10 + \mathbf{3}$ (모듈로 9)

$\equiv \mathbf{1} + \mathbf{2} + \mathbf{3}$ (모듈로 9)

$\equiv 6$ (모듈로 9)

다시 말해, 십진법으로 표기된 수의 모듈로 9 값은 각 자릿수의 합과 같다!

일상생활에서도 모듈로 연산은 인터넷 쇼핑의 보안을 유지하기 위해 매우 실질적으로 사용되고 있다. 실제로 우리의 거래는 종종 '키key'라고 하는 쌍방 간 수의 교환에 근거한 시스템을 통해 암호화된다(76쪽 참고). 공개 키public key는 메시지를 암호화할 수 있게 해주는 반면 개인 키private key는 그것을 해독해준다. 수학적으로 암호화 연산은 메시지를 일련의 정수들로 분해한 다음 이 수들을 공개 키라고 하는 특정한 거듭제곱으로 바꾸는 것인데, 이때 모듈로 n(n은 정해진 정수) 연산을 한다. 복호화는 받은 수를 개인 키라는 거듭제곱으로 만들어주는 것인데, 여기서도 모듈로 n 연산이 이뤄진다. 수신자는 이때 일련의 정수를 받는데, 이것을 기초로 메시지가 수월하게 재구성된다. 모두가 모듈로 연산 덕분이다!

수의 기하학

이제 모듈로 연산을 떠나 피타고라스학파와 그들의 수에 대한 사랑으로 돌아가보자. 피타고라스는 '도형수'에도 관심을 가졌는데, 도형수는 기하학적 도형을 이루기 위해 배치된 점의 집합으로 표현된 정수를 말한다. 예를 들면, 삼각수, 사각수, 오각수, 육각수, 입방수가 있으며, 이것들은 각각 삼각형, 사각형, 오각형, 육각형, 입방체 형태다. 여기 도형수의 몇 가지 예가 있다.

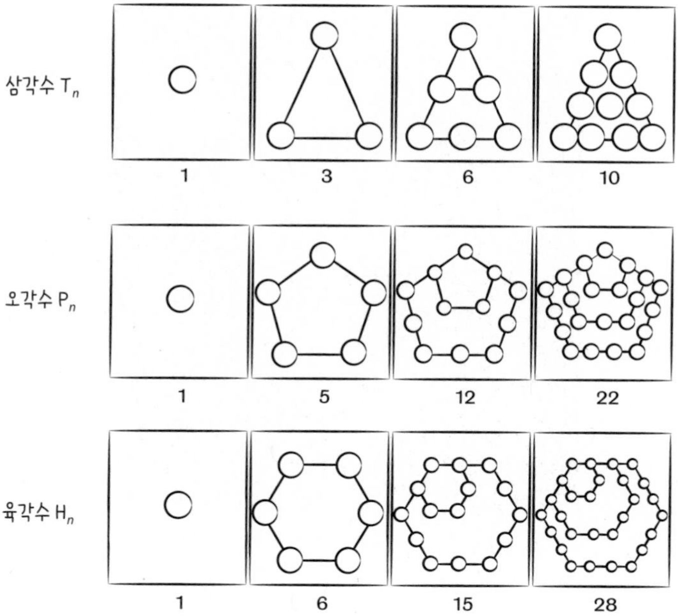

이런 모양들은 피타고라스학파 사람들에게 강력한 상징 체계를 의미했다. 특히 삼각수 10은 그들에게 우주의 구성에 관한 핵심적 진실을 보여주었다. 테트라크티스라고도 불리는 이 수의 상징은 여러 세기에 걸쳐 다양한 신비주의 사조를 통해 다소 기이한 해석을 곁들여 채택되었다. 이 상징은 여러 예술에, 많은 가문의 문장紋章에, 또는 유대교 신비주의 서적에 다양하게 등장한다. 이것은 특히 이탈리아 화가 라파엘로 산치오Raffaello Sanzio의 유명한 프레스코화 〈아테네 학당〉에서도 발견된다. 이 그림에는 고대 사상계의 유명 인사들이 총집합(실제 연대나 개연성에 개의치 않음)해 있다. 여기서 피타고

라파엘로의 〈아테네 학당〉 일부, 1508~1512년 작

라스는 수염이 덥수룩하게 묘사되고 주위에 제자 세 명이 있다. 그 중 한 명이 그에게 화판을 내밀고 있는데, 거기에는 피타고라스학파가 만든 화성의 비례를 보여주는 도표가 그려져 있고 그 밑에 있는 것이 바로 테트라크티스다.

이제 도형수에 관한 본연의 수학으로 돌아가자.

예를 들어, 46쪽의 수 다음에 오는 도형수의 값은 얼마일까? T_n으로 표기되는 삼각수는 점들을 연결한 선을 쌓아놓은 모양으로, 이 선은 한 점, 두 점, 세 점 등으로 점점 길어진다. 이처럼 n개 열의 삼각수는 실제로 1열에서 n열까지 정수들의 합이다. 따라서 삼각수는 멋진 공식을 이용해 쉽게(48쪽 글 상자 참고) 계산된다.

$$T_n = \frac{n(n+1)}{2}$$

사각수 C_n의 경우도 복잡할 것 없이 $C_n = n^2$이 된다. 오각수 P_n과 육각수 H_n은 다음과 같다.

$$P_n = \frac{n(3n-1)}{2}, \quad H_n = n(2-1)$$

n까지 정수의 합 계산하기

우리는 삼각수 T_n의 값이 다음과 같음을 알게 되었다.

$$T_n = 1 + 2 + \cdots + (n-1) + n$$

예를 들어, 테트라크티스의 경우를 보자.

$$T_4 = 1 + 2 + 3 + 4 = 10$$

수학자 카를 프리드리히 가우스는 이 합을 계산하는 쉬운 방법을 알아내 선생님을 놀라게 했다는 유명한 일화가 있다. 선생님은 학생들에게 1에서 100까지 정수의 합을 계산하게 했다. 당시 열 살이던 가우스는 영리하게도 합의 각 항을 두 개씩 묶고 재빨리 암산한 뒤 답을 내어 선생님을 놀라게 했다.

이 방법을 적용해 T_n을 뜻하는 등식 두 개를 써보자.

$$T_n = 1 + 2 + \cdots + (n-1) + n$$
$$T_n = n + (n-1) + \cdots + 2 + 1$$

두 등식의 항들을 각 변끼리 더하면 이렇게 된다.

$$2T_n = (\mathrm{n} + 1) + (\mathrm{n} + 1) + \cdots + (\mathrm{n} + 1) + (\mathrm{n} + 1) = \mathrm{n}(\mathrm{n} + 1)$$

그러면 간단한 공식이 도출된다.

$$T_n = n(n+1)/2$$

예를 들어, $T_{100} = 5050$이다. 가우스는 진정 '수학의 왕자'라는 별명을 얻을 만하다!

말이 필요 없는 증명

더 신기하고 재미난 것이 있다. n^2까지 제곱수의 합은 어떨까?

$$1^2 + 2^2 + 3^2 + 4^2 + 5^2 + \cdots + n^2$$
$$= 1 + 4 + 9 + 16 + 25 + \cdots + n^2$$

어떻게 하면 말줄임표를 없애고 결과를 그대로 표현할 수 있을까?

주의 깊게 본다면 간단한 그림 하나로도 답을 얻을 것이다. 이런 종류의 증명을 '말이 필요 없는 증명'(이것에 관해서는 187쪽의 참고문헌 참고)이라고 한다. 이것은 고대부터 존재해왔는데, 최근에 다시 주목받고 있다. 미국 교육계가 복잡한 공식을 다루는 공부를 즉각적인 놀이에 가깝게 만들기 위해 이것을 장려하고 있기 때문이다.

이제, 아래 그림을 읽는 방법을 설명할 것이다. 이것은 한 번 이해하면(집중하면서 반드시 스스로 해낼 것) 어떤 말도 필요 없고, 한 번만 봐도 어려운 공식이 분명해질 것이다.

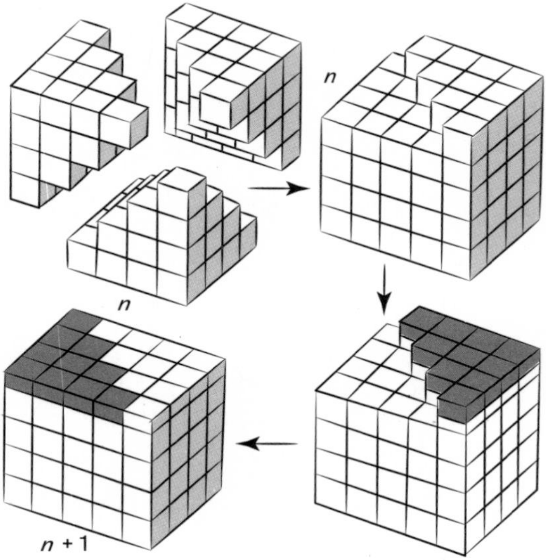

제곱수의 합

$1^2 + 2^2 + 3^2 + \cdots + n^2 = n(n+1)(n+1/2)/3$

이 그림은 입방체로 된 세 개의 피라미드를 나타내며, 각 피라미드는 입방체를 쌓아서 만든 것이다. 이제 작은 입방체 하나의 변의 길이는 1, 따라서 부피도 1이라고 가정해보자. 그림에서 각 피라미드에는 $1 + 4 + 9 + 16$개의 입방체가 네 단계로 배열되어 있다. 그런데 분명 삽화가는 더 높이 그릴 수도 있었다. 그러므로 이 그림에서 우리는 n 단계로 배열된 작은 입방체들을 고려해 $1 + 4 + 9 + \cdots + n^2$의 결과를 도출할 수 있을 것이다.

그림의 오른쪽 위를 보면 세 개의 피라미드가 완벽하게 들어맞아 거의 직육면체 모양이다. 이때 위로 솟은 부분을 생각해보자. 입방체들을 중간 높이에서 잘라 윗부분을 아래로 내려주면 완벽한 직육면체를 얻을 수 있다. 크기는 세로 n, 가로 $n + 1$, 높이 $n + 1/2$이다.

직육면체의 부피 공식에 따르면 세 피라미드를 모두 합한 것의 부피는 $n(n + 1)(n + 1/2)$이다. 따라서 각 피라미드의 부피는 $n(n + 1)(n + 1/2)/3$이고, 다음과 같다.

$$1 + 4 + 9 + \cdots + n^2 = \frac{n(n+1)(n+\frac{1}{2})}{3}$$

얼마나 멋진 공식인가! 어쩌면 신중한 독자 중에는 이 공식의 보편성에 의심이 드는 분도 있을 것이다. 사실 특정한 그림에 근거해서 판단하는 것은 위험하다. 피라미드들이 서로 완벽하게 들어맞는다고 충분히 확신할 수 있을까? 그러므로 우리는 이 공식을 검토해볼 것이다. 이것은 '수학적 귀납법'이란 기막힌 법칙으로 설명할 기회가 될 것이다.

수학적 귀납법

산술에서 중요한 방법 중 하나가 바로 '수학적 귀납법' 또는 '귀납추리'다. 이 법칙의 내용은 이렇다.

정수의 속성 하나를 $P(n)$이라고 가정한다. 우선, $P(0)$이 참임을 증명한다. 다음으로 '$P(n)$이 참이면 $P(n+1)$도 참이다'를 증명하고, 즉, $P(n)$이 $P(n+1)$을 내포함을 증명하고 다음과 같이 결론 내린다.

'모든 음이 아닌 정수 n에 대하여 $P(n)$은 참이다.'

이 추리법은 명확하다. 왜냐하면 $P(0)$에서 $P(1)$을 추론하고, 거기서 $P(2)$를 추론하는 식이기 때문이다. 이 법칙은 반드시 기억해야 할 현대 수 이론의 핵심 공리다. 왜냐하면 이것은 자명해 보이지만 논리적 추론의 순수한 규칙들로부터 유추되지 않기 때문이다. 이것은 실제로도 정수를 연구할 때 증명을 위한 핵심 도구가 된다. 이 추리법은 유클리드의 『원론』에서도 암묵적으로 사용되었지만, 17세기 블레즈 파스칼Blaise Pascal에 이르러서야 확실히 분리되고 명백해졌다.

> « 귀납추리의 중요한 특징은 이것이 단 한 문장으로 압축된 채 엄청나게 많은 삼단논법을 포함하고 있다는 점이다. »
>
> 앙리 푸앵카레Henri Poincaré, 『과학과 가설La Science et l'hypothèse』(1902)

종종 $P(0)$에서 출발하는 대신 $P(1)$(또는 $P(k)$, k는 정수)

에서 출발하는데, 물론 귀납추리의 결론으로 얻어지는 것은 'P(n)은 1부터(또는 k부터) 시작하는 모든 정수에 대해 참'이라는 것이다.

귀납추리를 이용해 우리는 앞서 도출한 제곱수의 합에 관한 공식을 검토해볼 것이다. 마음이 급한 독자라면 다음 페이지의 〈말이 필요 없는 또 다른 증명 두 가지〉를 지나쳐도 될 것이다. 검토할 공식을 P(n)이라고 적어보자.

$$P(n): 1 + 4 + 9 + \cdots + n^2 = n(n + 1)(n + 1/2)/3$$

P(1)의 의미는 $1 = 1(1 + 1)(1 + 1/2)/3$이고, 이 공식은 참이다 (계산해보라!).

P(n)이 참(순환 가설)이라고 가정하자. 즉,

$$1 + 4 + 9 + \cdots + n^2 = n(n + 1)(n + 1/2)/3$$

그리고 P($n + 1$)을 나타내보자.

$$1 + 4 + 9 + \cdots + n^2 + (n + 1)^2 = (n + 1)(n + 2)(n + 3/2)/3$$

이제 다음과 같이 써보면 된다.

$$1 + 4 + 9 + \cdots + n^2 = (n + 1)(n + 2)(n + 3/2)/3 - (n + 1)^2$$

이 등식의 우변을 풀이해 정리하면 $n(n + 1)(n + 1/2)/3$을 얻는다. 따라서 증명한 등식은 순환 가설이 선언하는 바와 같다. 이것으로 추론은 끝이다.

말이 필요 없는 또 다른 증명 두 가지

재미를 위해 그리고 신경세포도 단련할 겸 말이 필요 없는 훌륭한 증명 두 가지를 소개한다.

첫 번째 증명은 우리에게 세제곱의 합 $1^3+2^3+3^3+\cdots+n^3$의 공식

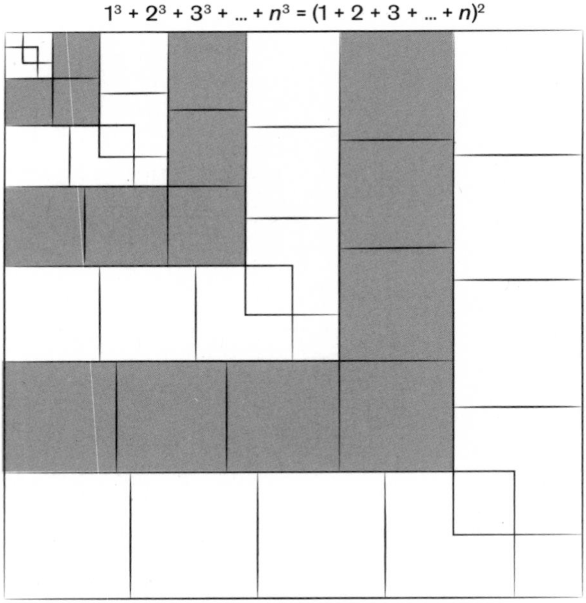

세제곱의 합에 대한 말이 필요 없는 증명:
$1^3+2^3+3^3+\cdots+n^3=(1+2+3+\cdots+n)^2$

을 제공하고, 두 번째 증명은 삼각수 사이의 놀라운 관계를 보여준다.

첫 번째 그림에서 여러분은 L을 반대로 돌린 모양인 회색 부분의 넓이가 그것을 수평 방향으로 펼쳤을 때의 넓이와 정확히 같고, 이 넓이는 n^2인 정사각형 넓이의 n배, 그러니까 n^3임을 알 수 있다. 따라서 커다란 정사각형의 넓이는 $1^3 + 2^3 + \cdots + n^3$이다. 이것은 또한 $(1 + 2 + \cdots + n)^2$이다(참고로 이 그림은 $n = 8$일 때를 나타낸 것이다).

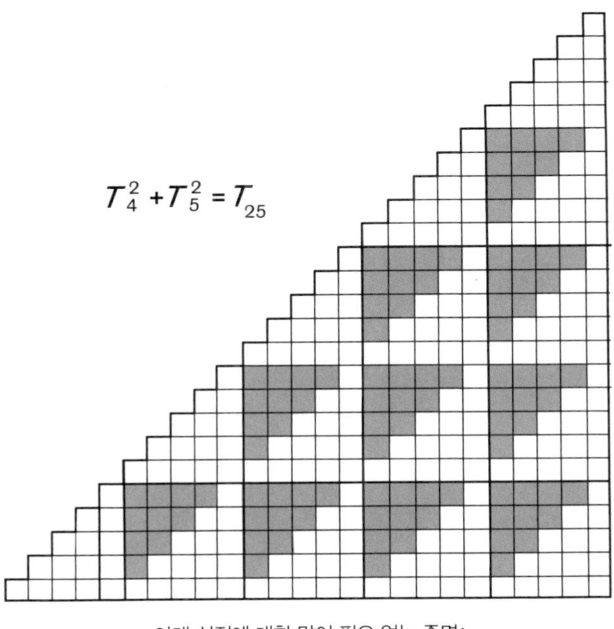

아래 성질에 대한 말이 필요 없는 증명:
'n^2의 삼각수는 $n-1$의 삼각수와 n의 삼각수 각각의 제곱의 합이다.'

두 번째 그림은 더 금방 읽힌다. 도움이 필요한 경우에만 다음 힌트를 읽기 바란다.

힌트: 흰색의 작은 정사각형들은 T_5 꾸러미로 묶여 있고 회색의 작은 정사각형들은 T_4 꾸러미로 묶여 있다.

3장

소수

소수가 끼어들면 모든 것이 더 심각해진다. 소수를 얻기 위해 사용할 수 있는 공식도 없고 소수의 분포는 수수께끼처럼 불규칙성을 띠기 때문이다. 정수를 열거할 때 소수가 얼마나 드물게 나오는지 계산하고 증명하는 데만 2,000년이 걸렸다. '소수는 무한히 많을까?'와 같은 이미 해결된 문제는 뒤로하고 이제 몇 가지 까다로운 추측을 소개하려 한다. 이것들은 무척 다루기 힘든 문제다.

피타고라스 이전

유클리드 덕분에 고대 그리스인들이 '소수'에 관심을 가졌다는 점이 확실히 알려져 있다. 소수란 약수가 1과 자기 자신뿐인 수로

« 어떤 수는 소수이고 또 어떤 수는 소수가 아닌 것에 뚜렷한 이유가 있는 것은 아니다. 이 수들을 보면 창조의 설명할 수 없는 비밀 중 하나와 만난다는 느낌이 든다. »

돈 재기어Don Zagier(미국의 수학자), 1977

2, 3, 5, 7, 11, 13, 17, 19, 23, 29, 31 등이 있다.

피타고라스학파는 정수에 이처럼 매우 특별한 범주가 있다는 점을 확인했다. 이 범주는 오늘날 수학에서 매우 중요하다. 원자가 물질의 기본 단위인 것처럼, 이 수가 모든 정수를 구성하는 핵심이라는 점을 곧 알게 될 것이다.

인류는 피타고라스 이전에 이 중요한 '수의 원자들'에 대해 생각한 적이 있을까? 아마도 있을 것이다. 이 주제에 관한 가장 기이하고 놀라운 발견은 '이상고 뼈Ishango's bone'다. 일부 역사가들에 따르면 그 위에 새겨진 것이 10~20 사이의 소수다.

이 뼈는 1950년대에 오늘날 콩고민주공화국 에드워드 호숫가의 화산재 속에서 발견되었다. 2만 년 전 이곳에 놓였을 거라고 추정된다. 여러 면을 뒤덮고 있는 눈금들은 어떤 여자 혹은 남자가 그 위에 숫자를 새기고자 했음을 보여준다. 그러므로 이 뼈는 인간의 연산 활동에 대한 가장 오래된 흔적이라고 할 수 있다. 이 수수께끼의 표시에 대한 전문가들의 해석은 다양하지만, 뼈의 한 면에 나타난 네 개의 연속된 소수(11, 13, 17, 19)를 보고는 놀라지 않을 수 없다.

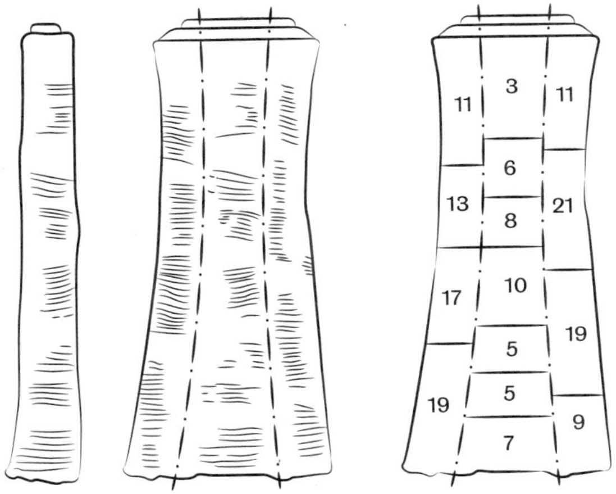

이상고 뼈(왼쪽)의 길이는 약 10센티미터다.
펼친 면(가운데)에는 여러 곳에 그어진 표시가 드러나 있다.

몇 개의 소수

다음은 200보다 작은 소수를 나열한 것이다.

2, 3, 5, 7, 11, 13, 17, 19, 23, 29, 31, 37, 41, 43, 47, 53, 59, 61, 67, 71, 73, 79, 83, 89, 97, 101, 103, 107, 109, 113, 127, 131, 137, 139, 149, 151, 157, 163, 167, 173, 179, 181, 191, 193, 197, 199

다음 페이지에 10000까지의 소수를 전부 나타낸 그림이 있다. 소수를 공부하는 데 아주 유용하니, 이 그림을 해독하고 사용하는 방법을 배우기 바란다.

10000까지의 소수

아래 그림에서 정수의 각 백 단위(10의 배수는 없음)는 100번째 숫자까지 포함하며 회색 직사각형으로 표현된다. 소수는 이 직사각형 안의 작은 검은색 정사각형으로 표시된다. 예를 들어, 줄 7, 열 3을 보면 7301에서 7399까지의 수들이 시각화된다. 이 단위의 소수는 7307, 7309, 7321, 7331, 7333, 7349, 7351, 7369, 7393이다.

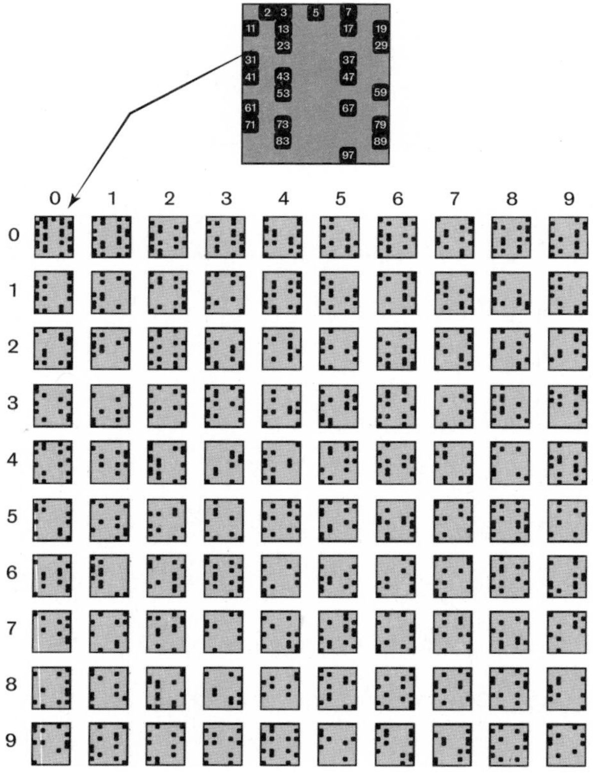

여러분은 숫자 1이 소수가 아님을 눈치챘다. 이 문제는 논란거리였지만, 결국 수학자들은 1을 제외하는 데 동의했다. 그 이유는 1을 소수로 받아들이면 산술의 훌륭한 명제들이 거짓이 될 수 있기 때문이다. 이 중요한 결과에 따라 모든 정수는 각기 유일한 방식으로 소수의 곱으로 표현된다. 예를 들면 다음과 같다.

$$12 = 2 \times 2 \times 3, \quad 75 = 3 \times 5 \times 5, \quad 51 = 3 \times 17$$

$$1024 = 2 \times 2 \times 2 \times 2 \times 2 \times 2 \times 2 \times 2 \times 2 \times 2$$

우리는 이미 1장에서 이 소인수분해의 유일성에 대해 언급했다. 소수가 정수를 이루는 원자 같음을 보여주는 이 성질을 '산술의 기본 정리'라고 한다. 이것은 1을 소수로 인정하면 거짓이 될 것이다. 왜냐하면 $12 = 2 \times 2 \times 3 = 1 \times 2 \times 2 \times 3 = 1 \times 1 \times 2 \times 2 \times 3, \cdots$이라고 쓸 수 있기 때문이다. 그러면 소인수분해가 더는 유일한 것이 되지 못한다!

피타고라스가 정수의 심오한 구조를 우리에게 알려주는 이 정리를 알고 있었는지는 알 길이 없다. 간편한 표기법이 없었기에 유클리드는 이것을 명확히 설명하지 않는다. 하지만 그가 이 소인수분해의 유일성을 실제로 알고 있었다는 점은 거의 확실해 보인다. 사실 그의 『원론』에 나온 몇 가지 결론은 이 소인수분해의 특수한 예다. 이 정리는 한참 뒤 카를 프리드리히 가우스에 의해 엄밀히 증명되었다.

추론의 첫걸음은 2 이상의 모든 정수는 소수로 나눌 수 있음을 밝히는 것이다. 이것은 어렵지 않다. 유클리드도 이 점을 명시적으로 언급하고 있다.

에라토스테네스의 체

소수를 빠짐없이 기록한 목록을 빨리 만들기 위해 우리는 기원전 3세기에 고안된 '에라토스테네스의 체'를 사용한다. 그리스의 수학자 에라토스테네스Eratosthenes는 천문학자이자 지리학자인 동시에 철학자였다. 그는 멀리 떨어진 두 곳의 그림자를 측정함으로써 지구 둘레를 계산하는 방법을 내놓은 것으로 유명하다.

이 유명한 체의 원리는 무엇일까?

우선, 숫자 2부터 예를 들면 50까지의 정수를 나열한다.

2, 3, 4, 5, 6, 7, 8, 9, 10, 11, 12, 13, 14, 15, 16, 17, 18, 19, 20, 21, 22, 23, 24, 25, 26, 27, 28, 29, 30, 31, 32, 33, 34, 35, 36, 37, 38, 39, 40, 41, 42, 43, 44, 45, 46, 47, 48, 49, 50.

우리는 열거된 이 숫자들을 차례로 체에 거를 것이다. 그러면 결과적으로 소수만 체 안에 남을 것이다.

우선 2를 굵게(2는 소수임) 표시하고 2의 모든 나머지 배수들(짝수)를 제거한다. 이렇게 체에 걸러진 수를 나열하면 **2**, 3, 5, 7, 9, 11, 13, 15, 17, 19, 21, 23, 25, 27, 29, 31, 33, 35, 37, 39, 41, 43, 45, 47, 49이다.

다음으로 **2** 뒤에 나오는 소수를 굵게 표시한다. 이 수는 **3**이다. 이제 **3**의 배수를 지워나가면 **2**, **3**, 5, 7, 11, 13, 17, 19, 23, 25, 29, 31, 35, 37, 41, 43, 47, 49가 된다.

계속해서 **3** 다음 소수를 굵게 표시한다. 이 수는 **5**이다. 이제 **5**의 배수를 지워나간다. **2**, **3**, **5**, 7, 11, 13, 17, 19, 23, 29, 31, 37, 41, 43, 47, 49.

마지막으로 **5** 다음 소수를 굵게 표시한다. 이것은 **7**이다. 이제 **7**의 배수를 제거하면 **2**, **3**, **5**, **7**, 11, 13, 17, 19, 23, 29, 31, 37, 41, 43, 47이 된다.

이것이 바로 50까지의 소수를 빠짐없이 나열한 목록이다. 50 이상의 소수를 알아내려면 체를 계속 사용해야 할 것이다.

어디서 멈춰야 할지 어떻게 알 수 있을까? 규칙은 이렇다. N까지의 소수를 모두 얻으려면 굵게 쓴 소수의 제곱수가 N을 초과할 때까지 계속하면 된다. 예를 들어, 400까지의 소수를 모두 찾으려면 체를 계속 사용해 23까지 가지 않도록 해야 할 것이다. 왜냐하면 $19^2 = 361 < 400$이고 $23^2 = 529 > 400$이기 때문이다(이 규칙이 정당한 이유는 소수가 아닌 수 M은 반드시 M의 제곱근과 같거나 작은 소수인 약수를 가지기 때문이다).

소수의 무한성

소수의 목록을 통해 짐작할 수 있는 점은 정수를 나열해갈수록 소수가 점점 희귀해진다는 것이다. 그렇다면 자기 자신 이상으로 더는 소수가 존재하지 않는 그런 수가 있을지 궁금해진다. 소수의 개수는 정해져 있는 걸까?

고대 그리스인들은 답을 알고 있었다. 유클리드는 당대의 수학 백과사전인 그의 저서에서 소수의 수가 유한할 수 없음을 증명한다. 이 증명에서 유클리드는 무한에 대해 말하기를 두려워하지 않는 현대 수학자들과 달리 우회적으로 표현한다는 걸 알아두자. 그는 그저 '소수의 수는 무한하다'라고 쓰지 않고 '소수를 전부 모아놓아도 그보다 더 큰 소수가 여전히 존재한다'라고 표현한다.

이제 우리 표기법을 이용해 유클리드의 추론을 설명해보자. 우리는 귀류법을 이용해 모든 소수 $p_1, p_2, \cdots, p_k$가 빠짐없이 기록된 유한한 목록이 있다고 가정할 것이다. 이 가정이 우리를 모순으로 이끈다면 어떤 유한한 소수의 목록도 완전하지 않다고 결론지을 수 있다.

우리의 가정에 따라 숫자 $N = p_1p_2\cdots p_k + 1$은 어떤 소수 p_i의 배수다. 왜냐하면 2부터 시작해 모든 정수는 소수로 약분될 수 있기 때문이다.

따라서 $M = p_1p_2\cdots p_k$와 N은 둘 다 이 소수의 배수일 것이므로, 두 정수 K와 L을 사용해 $N = p_iK$, $M = p_iL$로 쓸 수 있다. 그러면 두 수의 차는 $N - M = p_i(K - L)$이다. 그런데 $N - M$은 1이므로 $p_i = 1$이다. 이것은 불가능하다. 어떤 소수도 절대 1과 같을 수 없기 때문이다. 증명은 끝났다.

여러분은 이 몇 줄을 읽으며 우리가 무한에 관한 정보를 확실히 얻었다는 것을 알 것이다. 수학적 추론 덕분에 무한이 무엇인지 알게 된다는 것이 경이롭지 않은가?

큰 소수

소수는 무한하다. 하지만 원하는 만큼 큰 단위의 소수를 표기할 수 있을까? 이 문제는 보이는 것처럼 그렇게 쉽지 않으니 이제 살펴보자.

가분성의 기준 덕분에 짝수(또는 3의 배수, 4의 배수, 5의 배수, 그리고 7, 10, 11의 배수 등)를 원하는 만큼 큰 수로 아주 쉽게 쓸 수 있다. 예를 들어, 11의 배수인, 자릿수가 10억 개인 수를 만들고자 한다면 이렇게 하면 된다.

111…111 (1이 10억 개 붙은 수)

왜냐하면 11로 나눌 수 있는 기준이 여기에 즉시 적용되기 때문이다.

더 쉬운 예로, 97의 배수로 자릿수가 10억 개인 수를 원한다면 이렇게 쓰면 된다.

97000⋯000 (0이 999,999,998개 붙은 수)

원하는 만큼 큰 소수를 쓰려고 할 때 이것과 비슷한 방법이 있을까? 안타깝지만 그것을 아는 사람은 없다. 그리고 오늘날 자릿수가 10억 개인 소수가 명확히 제시된 적은 없다.

만일 여러분이 수학적 증거를 가지고 그런 소수를 얻어낼 방법을 찾는다면 25만 달러의 주인공이 될 것이다! 실제로 이 상금은 미국 NGO인 전자프론티어재단Electronic Frontier Foundation이 이 업적을 최초로 이룬 사람에게 수여하는 상이다.

2021년 3월 현재 알려진 가장 큰 소수는 여전히 $2^{82589933}-1$이다. 이것이 바로 깨져야 할 기록이다! 이 수는 2018년 12월 7일 패트릭 라로슈Patrick Laroche의 계산을 통해 처음으로 소수임이 증명되었다. 미국의 정보공학자인 라로슈는 '인터넷 메르센소수 찾기Great Internet Mersenne Prime Search, GIMPS' 프로그램을 통해 이것을 밝혀냈다. 이 소수는 24,862,048개의 십진법 자릿수를 가지고 있어 명확한 계산이 가능하다. 이 수의 앞부분 10개의 수는 1488944457⋯이고 뒷부분 열 개의 수는 ⋯5217902591이다. 이 2,400만 개 자릿수의 숫자를 쓴다면 여러분이 손으로 쥐는 책 100권에 해당하는 길이가 될 것이다.

마법의 공식?

소수를 찾아내는 공식이 있는지에 관한 질문은 기본이 되는 큰 소수 10개를 쉽게 써내는 공식에 관한 질문과 완전히 다르다. 실제로 쓸 수 있는 정확한 공식을 아무리 찾아내려 해봤자 소용없다. 그런 것은 존재하지 않는다(존재한다면 큰 소수를 무한정 쓸 수 있을 것이다). 사람들은 그것을 영원히 못 찾을 거라고 한다.

반면 n번째 소수를 정확히 알려주는 제한된 공식을 원한다면 몇 개 있다. 다음 공식은 1995년 잔 미나크Jan Minàc와 윌런스C. Willans가 발견했다. 이것은 매우 복잡해 보일 수 있는데, 실제로 그렇다! 우리는 여러분에게 이 공식을 인도의 콜람Kolam이나 티베트의 만다라Mandala처럼 보기를 권한다. 이 당황스러운 등식을 보면서 떠올려 보자. 인도의 위대한 수학자 스리니바사 라마누잔Srinivasa Ramanujan은 훌륭한 방정식은 "신의 생각을 표현한다"고 말했다.

$$p_n = 1 + \sum_{m=1}^{2^n} \left[[n/(1 + \sum_{j=2}^{m} [((j-1)! + 1)/j - [(j-1)!/j]])]^{1/n} \right] \quad n \geq 1$$

이 공식은 한 줄로 쓰여 있어 주목할 만하지만, 실제로도 사용할 수 없다. 왜냐하면 소수를 계산하기 위해 이것을 이용하려는 어떤 IT 프로그램도 에라토스테네스의 체를 실행하는 프로그램보다 계산을 더 많이 해야 할 것이기 때문이다!

소수의 밀도

소수는 무한히 많지만 큰 수로 갈수록 드물다. '소수 정리'라 불리는 이 비범한 법칙은 카를 프리드리히 가우스가 열다섯 살 때 발견했는데, 밀도가 감소하는 방식을 정확히 알려준다.

정수 N에 가까이 있는 소수의 밀도는 대략 $1/\log(N)$이며, 이때 $\log(N)$은 네이피어Napier 로그 N(종종 $\ln(N)$으로 표기하는 자연로그)을 뜻한다. a와 b가 0보다 큰 두 실수일 때 $\log(a) + \log(b) = \log(ab)$이며, $\log(1) = 0$, $e = 2.7182818\cdots$일 때 $\log(e) = 1$임을 기억하자. N이 무한대로 향할 때 $\log(N)$도 무한대로 향하므로 N이 무한대로 향하면 소수의 밀도는 0에 가까워진다.

이 법칙에 따르면 10000 근처에서 소수의 밀도는 약 $1/\log(10000) = 9.2$이다. 이 결과는 60쪽의 그림을 이용해 확인할 수 있다. 10000 이전의 백 단위 두 개에는 소수가 21개 있는데, 21은 $200/9.2 = 21.7$이라는 예상값에 가깝다.

또 다른 예를 살펴보자. 1000 근처에서 $\log(1000) = 6.9$이므로 소수의 밀도는 약 $1/6.9$인데, 이것은 백 단위당 약 $100/6.9 = 14.5$개의 소수

《 소수는 수학의 가장 기본적인 주제다. 이것은 또한 가장 수수께끼 같은 주제 중 하나다. 》

앤드루 그랜빌Andrew Granville(영국의 수학자), 1997

가 발견됨을 뜻한다. 1000의 마지막 백 단위에는 실제로 소수가 14개 있다.

소수 정리는 너무 어려워서, 이것을 정립한 가우스도 증명할 수 없었다. 이 정리는 1896년에 프랑스의 수학자 자크 아다마르Jacques Hadamard와 벨기에 수학자 샤를장 드 라 발레 푸생Charles-Jean de la Vallée Poussin이 결정적으로 증명해냈다.

까다로운 추측들

수학에서는 어떤 명제가 참인 것으로 짐작되지만 그것을 증명할 방법이 없을 때 그 명제를 '추측'이라고 한다.

이론의 여지 없는 진리를 세우고자 하는 수학자에게는 참인 것처럼 보이지만, 확실히 증명할 수 없는 사실과의 만남은 치욕스럽다. 이런 면에서 수학의 모든 영역 중 수 이론은 이 치욕의 보기 좋은 예다. 이 분야에는 추측이 수없이 많기 때문이다. 이제 여러분께 소수에 관한 가장 유명한 추측을 소개할 것이다. 아무리 열심히 하고 온갖 꾀를 부려도 지금으로서는 이 추측을 이해하려는 시도가 전혀 통하지 않는다.

쌍둥이 소수에 관한 추측

소수 11과 13은 2 차이가 나는데, 이런 소수를 쌍둥이 소수라고 한다. 17과 19도 이런 경우다. 10000까지의 소수표에서 이런 형태의 짝을 많이 찾을 수 있다. 이 표에서 마지막으로 나오는 두 개의 짝은 (9857, 9859)와 (9929, 9931)이다.

오늘날 알려진 가장 큰 쌍둥이 소수는 다음에 나오는 두 수의 조합으로 각기 388,342개의 자릿수를 가진다.

$$2996863034895 \times 2^{1290000} - 1$$

$$2996863034895 \times 2^{1290000} + 1$$

이런 쌍둥이 소수의 짝은 언제나 아주 쉽게 발견되므로(발견되는 듯 보이므로), 소수처럼 이 짝들도 무한히 많을 것이라고 생각한다. 그런데 정말 그런지는 아무도 모른다. 우리가 지금 논하는 것은 추측이고, 지금까지 그것을 증명하려고 했지만 모두 허사였다!

이 추측을 긍정한다는 것은 소수의 목록을 쭉 훑어보면서 연속된 소수 두 개의 차가 2인 경우가 무한하다는 점을 확인하는 것과 같다. 이제 야심을 조금 줄여 정수 $k > 2$라 정하고, 연속된 소수 두 개의 차가 k보다 작거나 같은 경우가 무한 번 있음을 증명하려 해볼 수 있을 것이다.

이 흥미로운 실마리에 근거해 k를 조금씩 줄여가면서 이 작업을 수행하다 보면 쌍둥이 소수의 짝이 무한하다는 것을 증명할 수 있을 것이다. 이런 시도는 최근 많은 연구에서, 그리고 집단지성을 이용한 수학 플랫폼 폴리매스Polymath 프로젝트에서도 이뤄졌다. 폴리매스는 수학 분야 노벨상이라고 하는 필즈상 수상자인 영국의 수학자 윌리엄 티머시 가워스William Timothy Gowers가 2009년에 시작했다. 이 프로젝트는 상당한 진전을 이루었다. 예를 들어, 2013년 9월에 $k = 4680$이라는 결과를 얻었고, 이후 2013년 11월에 $k = 600$을 얻었다. 2014년에는 $k = 270$에 도달했다. 지금으로선 거기까지다.

골드바흐의 추측

이 유명한 추측은 크리스티안 골드바흐Christian Goldbach에게서 비롯되었다. 그는 러시아 상트페테르부르크의 황실 아카데미에서 역사와 수학을 가르쳤으며 황제 표트르 2세의 스승이었다. 그런데 오늘날 그의 이름이 유명해진 이유는 수학자 레온하르트 오일러Leonhard Euler와 교환한 편지 덕분이다. 이 서신 가운데 하나에서 그는 오일러에게 그때까지 증명되지 않은 자신의 추측을 내보였다. 그것은 바로 '2보다 큰 짝수는 모두 두 소수의 합으로 나타낼 수 있다'였다.

작은 짝수들의 경우 이 추측을 쉽게 확인할 수 있다. $4 = 2 + 2$, $6 = 3 + 3$, $8 = 5 + 3$, $10 = 7 + 3$, $12 = 7 + 5$, $14 = 11 + 3$, $16 = 13 + 3$, $18 = 13 + 5$, $20 = 17 + 3$, $\cdots$

이 추측은 정수론에서 해결되지 않은 가장 오래된 문제 중 하나로, 명제 자체는 누구나 이해할 수 있다. 그러므로 이 추측은 대중에게 상당한 인지도를 얻었다. 실제로 이것은 드니 게디Denis Guedj의 소설 『앵무새의 정리Le Théorème du Perroquet』의 골자가 된다. 이 소설에서는 아마존의 깊은 숲에서 온 한 수학자가 이 추측의 증명을 찾아내는데, 그가 죽고 그의 메모가 파괴된 후 말 많은 앵무새가 그 메모의 마지막 보관자가 된다.

이 추측은 매우 그럴듯하다. '골드바흐의 혜성'을 시각화하면 더욱 그렇다. 이 그림은 각각의 짝수 P를 두 소수의 합이라는 형태로 나타낼 방법 K가 얼마나 많은지 계산해서 얻은 것이다. 그것을 평면 위에 (P, K) 좌표로 나타낸다.

73쪽의 그림은 4에서 8000 사이 짝수에 해당하는 '혜성'을 보여준다. 얻어진 좌표점들로 이루어진 구름 모양의 기이한 형태는 우연으로 보이지 않는다. 하지만 그것을 설명할 방법이 없다. 가로축 가까이에 점이 없다는 것은 두 가지를 암시한다. 첫째, 합해서 어떤 짝수 P가 되는 소수의 짝이 적어도 하나는 있다. 둘째, P가 커지면 두 소수 중 하나는 아마도 점점 커질 것이다. 예를 들어, P가 5000보다 커지면 소수의 짝이 적어도 50개는 될 것이다.

불행히도 이런 관찰은 골드바흐 추측의 증명이 아니다. 따라서 숫자가 커질 때 어떤 짝수가 두 소수의 합으로 표현되지 못하는 예외가 나타날지는 아무도 모를 일이다!

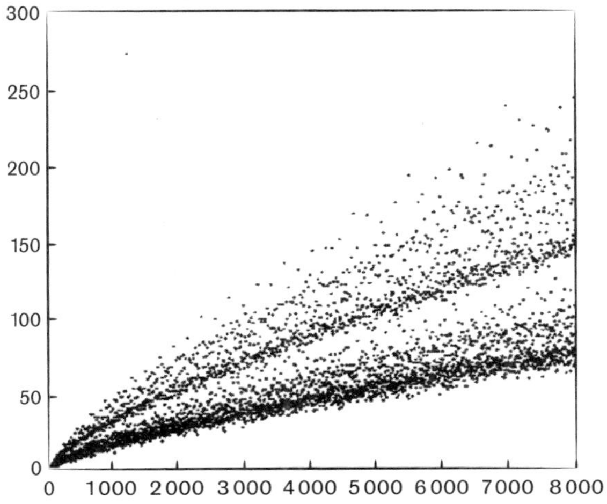

크리스티안 골드바흐의 혜성

완전수

피타고라스학파 구성원들은 우리가 이미 살펴보았듯, 수 자체 그리고 우주에서 수의 역할에 대해 종교적 관념을 가졌으며 이른바 '완전한' 수에 관심이 많았다. 그들은 이 수가 다른 모든 수보다 우월하다고 여겼다.

그들에게 완전수 N은 자기 약수들(즉, 자신은 제외한)의 합과 같은 수다. 완전수 중에서 가장 작은 6의 약수는 1, 2, 3이고, 6 = 1 + 2 +3임을 확인할 수 있다. 두 번째로 작은 완전수 28 =1 +2 +4 +7 + 14이다. 다음으로 496, 8128, 그리고 33550336이 있다. 현재 51개의 완

《 수 세기에 걸친 연구에도 불구하고 소수 전체의 구조는 여전히 잘 파악되지 않고 있다. 》

앤드루 그랜빌, 1997

전수가 알려져 있다.

유클리드는 어떤 소수의 형태가 $2^k - 1$이면 숫자 $2^{k-1}(2^k - 1)$은 완전수임을 증명했다. 한 걸음 더 나아가 레온하르트 오일러는 17세기에 모든 짝수 완전수가 이런 형태임을 증명했다. 실제로 다음과 같이 확인할 수 있다.

$$6 = 2^1(2^2 - 1), \text{여기서 } (2^2 - 1) = 3\text{은 소수다}$$
$$28 = 2^2(2^3 - 1), \text{여기서 } (2^3 - 1) = 7\text{은 소수다}$$
$$496 = 2^4(2^5 - 1), \text{여기서 } (2^5 - 1) = 31\text{은 소수다}$$
$$8128 = 2^6(2^7 - 1), \text{여기서 } (2^7 - 1) = 127\text{은 소수다}$$
$$33550336 = 2^{12}(2^{13} - 1), \text{여기서 } (2^{13} - 1) = 8191\text{은 소수다}$$

$2^k - 1$ 형태의 소수를 '메르센 소수'라고 하는데, 이는 성 프랑수아 드 폴 수도회 수도사였던 마랭 메르센Marin Mersenne을 기려서 붙인 이름이다. 르네 데카르트René Descartes와 피에르 드 페르마Pierre de Fermat의 친구였던 메르센은 이 소수에 관심이 많았다. 그는 이런 형태의 소수 목록을 제시하며 $k = 257$까지 찾아냈다. 불행히도 이 목록에는 오류가 있었다. 이 목록에 포함된 지수 67과 257은 소수를 만들어내지 못하는 반면, 소수를 만들어내는 지수 61, 89, 107은 포

함되지 않았다.

그때부터 수도사 메르센의 목록은 수정되고 연장되었다. 알려진 가장 큰 소수들은 모두 이 형태다.

$2^p - 1$을 소수로 만드는 것으로 알려진 51개의 지수 p는 다음과 같다.

2, 3, 5, 7, 13, 17, 19, 31, 61, 89, 107, 127, 521, 607, 1279, 2203, 2281, 3217, 4253, 4423, 9689, 9941, 11213, 19937, 21701, 23209, 44497, 86243, 110503, 132049, 216091, 756839, 859433, 1257787, 1398269, 2976221, 3021377, 6972593, 13466917, 20996011, 24036583, 25964951, 30402457, 32582657, 37156667, 42643801, 43112609, 57885161, 74207281, 77232917, 82589933.

따라서 메르센 소수 51개는 51개의 짝수 완전수와 연결된다. 그러므로 알려진 가장 큰 완전수는 다음과 같다.

$$2^{82589932}(2^{82589933} - 1)$$

이 수를 십진법으로 표기하면 그 자릿수가 49,724,095개나 된다!

메르센 소수가 무한히 있는가에 대해서는 알려진 바가 없다. '짝수 완전수는 무한히 있다', 그리고 '$2^k - 1$ 형태의 소수는 무한히 있다'라는 두 개의 추측은 대등하며 아직 증명되지 않고 있다.

« 신이 모든 것을 6일 동안 창조한 것은 이 수가 완전하기 때문이다. »

성 아우구스티누스, 420

더 이상한 것은 2,000년이 훌쩍 넘는 동안 홀수 완전수를 찾고 있지만 그것이 존재하지 않는지, 찾을 수 있는지 증명하지 못한다는 점이다. 아마도 존재하지 않을 거라는 생각이 지배적인데, 홀수 완전수에 대한 추측은 다음과 같다.

'홀수 완전수는 존재하지 않는다.'

암호 기법

물론 앞서 언급된 결과들은 손으로 직접 계산한 것이 아니다. 오늘날에는 매우 효율적인 연산법을 통해 $2^k - 1$ 형태인 어떤 수가 소수인지 빨리 시험해볼 수 있다. 이제는 컴퓨터가 수에 관한 연구, 특히 소수에 관한 연구에서 핵심 역할을 하고 있다.

역으로 소수도 IT 분야에서 매우 중요하다. 소수는 암호화 방법을 구상하는 데(즉, 해독 키를 소유한 이들을 제외하고는 비밀 통신을 읽을 수 없도록 하는 데) 쓰일 뿐 아니라, 은행 카드의 서명처럼 인증 또는 전자 서명 시스템을 작동시키는 데 이용된다.

RSA 암호 체계

RSA 암호화는 1977년 로널드 리베스트Ronald Rivest, 아디 샤미르Adi Shamir, 레너드 에이들먼Leonard Adleman이 개발했다. 이것은 인터넷상의 비밀 데이터를 교환할 때, 그리고 전자상거래에서 언제나 사용되고 있다.

이 체계의 작동 방식은 한 쌍의 소수에 기반하는데, 각 소수는 자릿수가 몇십 개 되는 수이고 모듈로 연산(42쪽 참고)을 이용한다. 선택된 소수가 클수록 암호화 장치의 안전성이 더 높아지기 때문에, 이 체계를 사용하려면 큰 소수 다루는 법을 알아야 한다.

RSA 체계를 '깨뜨리기' 위해서는 큰 정수를 인수분해하는 데 성공해야 한다. 그러므로 훌륭한 인수분해 알고리즘에 대한 연구가 관건이다. 바로 이 점에 대해 모든 스파이 집단이 연구하는 것이다.

이 체계의 안전성은 두 개의 중요한 알고리즘 문제에 기반하는데, 이 둘은 구별되어야 한다. 이 수학적 결과는 수십 년 전부터 기대해오던 것이다.

첫 번째는 '소수 판별 문제'다. 어떤 수가 소수인지 아닌지 신속히 알아보는 것이다. 왜냐하면 에라토스테네스의 체 같은 단순한 방법은 큰 소수의 경우 너무 오래 걸리기 때문이다. 2002년 세 명의 인도 연구 팀(마닌드라 아그라왈Manindra Agrawal, 니라즈 카얄Neeraj Kayal, 니틴

삭세나Nitin Saxena)에 의해 이론적 진전이 이루어졌다. 이들은 어떤 알고리즘의 계산 시간이 테스트할 수의 크기에 따라 적절히 증가하는 알고리즘('다항 시간'이라고 한다)을 발견했다.

그런데 이 진보는 암호 기법 분야에 실제로 영향을 미치지 못했다. 전문가들은 1980년대 이래로 확률적 판별법 사용을 선호해왔기 때문이다. 이 방법은 숫자들(심지어 수천 개)이 소수인지 아닌지 아주 빨리 알려주지만, 확실하게 알려주지는 못한다. 실제로 이 알고리즘은 일정한 확률로 오류를 일으켜 소수가 아닌 수를 소수라고 판별할 수도 있다! 그런데 이 오류율은 스스로 허용할 수 있는 계산 시간과 감수할 수 있는 위험도에 따라 조절 가능해, 이 확률적 판별법은 견고한 것으로 간주된다. 그러므로 오늘날 암호 기법, 특히 RSA 체계(77쪽 글 상자 참고)에 필요한 수백 개 자릿수를 가진 소수를 만들어내는 문제는 해결되었다고 볼 수 있다.

두 번째 문제는 사정이 전혀 다르다. 이것은 '인수분해 문제'라고 하는데, 정수를 소수들의 곱으로 분해하는 문제다. 현재 100개의 십진법 자릿수까지의 모든 정수를 단시간에 인수분해할 수 있는 방법이 알려져 사용되고 있다. 200개 자릿수를 가진 숫자를 인수분해하는 것이 지금의 한계다. 이 과제를 해결하기 위해서는 엄청난 IT 자원이 필요하다. 2019년 한 프랑스 연구 팀이 자릿수가 240개인 정수를 인수분해함으로써 새로운 기록을 달성했다. 그 이상을 달성하기 위해서는 알고리즘의 구상뿐 아니라 사용되는 계산 시스템의 진보가 필요한데, 이것은 곧 특수 실리콘 칩과 계산 네트워크 등의 진보를 말한다.

양자 모험?

인수분해 문제를 해결하기 위해 흔히 꺼내 드는 새로운 방법이 바로 양자 컴퓨터다. 1995년 미국의 연구자 피터 쇼어Peter Shor는 다항 시간 안에 정수를 인수분해하는 양자 알고리즘을 제안했다. 하지만 양자 컴퓨터 기술은 아직 초보 단계일 뿐이고, 지금 사용되는 소형 양자 컴퓨터는 큰 정수를 인수분해하는 데 아무런 쓸모가 없다. 언론은 흔히 양자 컴퓨터를 현재 사용되는 암호 기법, 특히 RSA 체계에 대한 위협이라고 소개한다. 하지만 전문가들은 앞으로 10년 동안 걱정할 게 없다고 생각하며, 양자 컴퓨터의 제한된 능력을 언젠가는 실제로 잘 활용할 거라고 본다.

« 우리가 세계를 묘사하는 원형이 되는 수는 우리 자신의 일부를 이룬다. 수 이론의 연구 대상이 인간 정신 자체가 아닌지 당연히 의문을 가질 정도로 말이다. »

프랑스의 수학자 제랄드 테넨봄Gérald Tenenbaum과 미셸 망데스 프랑스Michel Mendès France, 2000

양자적 위협이 더 구체적으로 펼쳐진다고 해도 양자 컴퓨터를 이용한 공격에 대항하는 이른바 '포스트퀀텀post-quantum 암호 기법'이 이미 개발되어, 기존 방법을 대체해서 지금부터 사용할 수 있다.

여러 세기에 걸친 이 모험은 시사하는 바가 크다. 수와 약수에 대한 피타고라스의 관심은 원래 신비주의적이었고, 지금은 수학적 관심사가 되었다. 이러한 관심은 이 학문을 극도로 발전시켰으나 얻은 결과들은 오랫동안 직접적으로 사용되지 않은 채 남아 있었다. 마침내 소수에 관한 연구는 우리가 일상에서 사용하는 IT 체계의 안전성을 유지하는 핵심이 되었다. 이것은 연구자들이 축적한 수학적 지식이 비록 근거 없는 추상적 유희처럼 보일 뿐이라 해도, 마침내 그 적용법을 발견하게 된다는 것을 보여주는 단적인 예다.

그리고 설사 그 적용법이 발견되지 않는다고 해도 이 지식은 세계뿐 아니라 우리 자신에 관한 중요한 진실을 보여주지 않는가?

4장

피타고라스 삼조

피타고라스의 정리와 관련된 세 수를 피타고라스 삼조Pythagorean triple라고 한다. 이것은 기하학과 수 이론을 이어준다. 이 수는 잘 정리된 구조를 이루지만 처음 보면 우연히 생긴 듯 복잡한 모습을 보인다. 오늘날에도 여전히 이 수를 계산하는 방법과 이것을 규칙적인 트리 구조로 정리하거나 기하학적으로 구성하는 방법을 찾아내고 있다.

매듭이 13개 있는 끈

어떻게 완벽한 직각을 만들 수 있을까? 초등학교에서 배운 대로 하자면 가장자리가 반듯한 종이 하나를 준비하고 한쪽 가장자리를 따라서 접으면 된다. 접힌 부분이 종이의 한쪽 변에 직각이 되어 정확한 직각이 만들어진다. 그런데 종이가 없고 달랑 끈 하나만 있으면 어떻게 해야 할까? 방법은 이미 알려져 있다. 만드는 과정을 네 단계로 살펴보자.

우선, 끈에 매듭을 만들거나 연필로 두 점을 찍어, 두 점 사이 거리가 길이의 한 단위가 되게 한다. 그리고 끈을 접었다 폈다 하면서 나머지 11개의 점을 표시해 두 개씩 한 단위를 이루도록 간격을 둔다. 이제 이 13개의 매듭을 이용해 네 개의 점 A, B, C, D를 표시하는데, 각 점 간 거리가 3단위, 다음으로 5단위, 다음으로 4단위가 되게 한다. 마지막으로 A와 D가 합쳐지도록 한다. 이때 생기는 세 개의 꼭짓점 주위로 끈을 팽팽히 당기면 직각삼각형이 만들어져 직각이 된다.

이것을 때로 '13개의 매듭이 있는 끈' 또는 '드루이드교 사제들의 끈'이라고 한다(82쪽 그림 참고). 같은 끈을 가지고 정삼각형을 얻을 수도 있는데, 이번에는 점 A, B′, C′, D를 표시하되 A와 B′, B′와 C′, C′와 D 사이가 각각 4단위가 되도록 한다. A와 D가 합쳐지게 하고 끈을 팽팽하게 하면 분명히 삼각형 AB′C′는 정삼각형이고 한 내각은 60도가 된다.

이런 방법은 정말 경이롭다. 이것이 산술과 기하학을 이어줌으로써 수학의 깊이가 놀랍도록 심오함을 알려주기 때문이다. 이것을 최초로 생각해낸 사람은 누구일까? 우리는 모른다. 이런 방식은 아마도 중세 시대 대성당 건축가들이 처음 사용했을 것이다. 고대 이

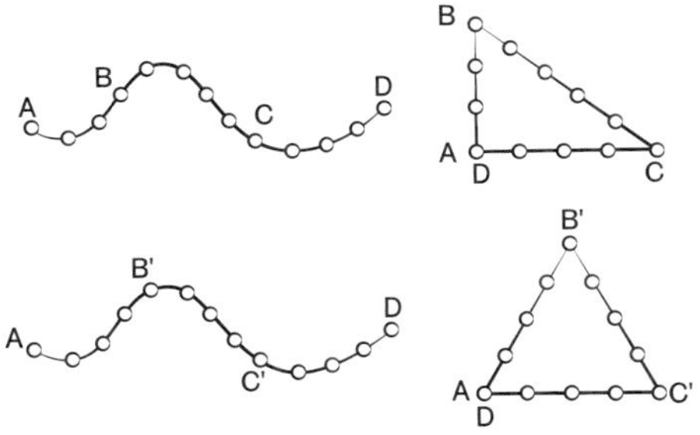

매듭이 13개 있는 끈을 이용해 직각삼각형과 정삼각형 만들기

집트인들이 매듭이 13개 있는 끈을 사용했다고 주장하는 사람들이 가끔 있지만, 엘리 마오Eli Maor 같은 수학 역사가들은 그것을 입증할 증거가 없다고 말한다(188쪽 참고문헌 참고).

끈 방식은 피타고라스의 정리에 근거한 것으로, 우리는 1장에서 이 정리에 대한 증명을 여러 개 살펴보았다. 더 정확히 말하면 13개의 매듭을 가진 끈 방법은 이 정리의 역을 사용한다.

'만일 삼각형의 한 변의 길이의 제곱이 나머지 두 변 길이의 제곱의 합과 같으면 이 삼각형은 직각삼각형이고 빗변이 가장 긴 변이다.'

여기서 $3^2 + 4^2 = 9 + 16 = 25 = 5^2$임을 알 수 있고, 이것은 13개의 매듭을 가진 끈도 접힌 종이를 이용한 방법만큼이나 수학적으로 완벽함을 보여준다. 정원에 기하학적 무늬를 그리거나 벽과 방의 설계가 완벽히 정사각형이거나 직사각형이어야 하는 건물의 기하학을 검증하기 위해서는 끈을 이용하는 것이 종이를 이용하는 것보다 더 실용적일 것이다.

세 개의 숫자 3, 4, 5가 '피타고라스 삼조'를 이룬다고들 한다. 보다 일반적으로 말하면 이것은 $a^2 + b^2 = c^2$이 되는 세 정수의 모든 조합 (a, b, c)에 부여된 이름이다. 물론 피타고라스학파는 이 연구에 깊은 관심을 가졌다.

모든 수학적 개념은 완전한 답을 결코 줄 수 없는 질문들로 채워진 영역을 무한히 열어주듯, 이 피타고라스 삼조에 관한 연구도 여전히 진행 중이다. 수학자들은 계속해서 그들의 주제에 관한 새로운 추측을 내놓고 있으며, 이러한 추측에는 정확한 결론을 내기 위한 고성능 컴퓨터가 필요하다!

이어서 우리는 피타고라스 삼조에 관한 몇 가지 고전적이고 훌륭한 결론을 살펴보고 나서 베르그렌 트리Berggren tree 같은 최근 결과를 소개할 것이다. 그리고 마지막으로 여전히 컴퓨터로 잘 해결되지 않는 채색 문제를 살펴보겠다.

첫 번째 계열

유명한 (3, 4, 5) 이외에 다른 피타고라스 삼조가 있을까? 당연히 있다. (3, 4, 5)를 두 배 하면 (6, 8, 10) 삼조를 얻을 수 있는데, 이것은 $6^2 + 8^2 = 10^2$, 즉 $36 + 64 = 100$으로 확인된다.

일반화하면 (a, b, c)가 피타고라스 삼조이고 d가 어떤 정수일 때, (ad, bd, cd)도 또 다른 피타고라스 삼조다. 따라서 피타고라스 삼조를 모두 알고자 할 때 삼조를 이루고 있는 세 수의 공약수가 1뿐인 경우에만 주목할 것이다. 그러한 삼조를 가리켜 '원시 피타고라스 삼조'라고 한다. 그러므로 (3, 4, 5)는 원시 피타고라스 삼조이고 (6, 8, 10)은 아니다.

피타고라스는 어떠한 기록도 남기지 않았다. 그러나 그가 (3, 4, 5) 삼조를 알고 있었음은 거의 확실하다. 그리고 철학자 프로클로스Proclos는 유클리드의 『원론』 1권에 대한 해설서에서 오늘날 우리가 사용하는 아래의 일반 공식을 발견한 사람이 피타고라스라고 주장한다.

$$(2n + 1, 2n^2 + 2n, 2n^2 + 2n + 1), n\text{은 양의 정수}$$

이 공식은 원시 피타고라스 삼조의 계열을 무한히 생성한다. 이것에 따르면, 우선 $n = 1$일 때 원시 피타고라스 삼조인 (3, 4, 5)가 나오고, 다음으로 $n = 2$일 때 (5, 12, 13), 다음으로 (7, 24, 25), (9, 40, 41) 등이 만들어진다.

그렇다면 이 계열은 어떻게 발견되었을까? 아마도 n의 제곱수에 홀수 $2n + 1$을 더하면 그다음 제곱수가 나온다는 생각에서 비롯되었을 것이다. 이것은 즉각적으로 증명된다. 그리고 이것은 연속된 두 수 A, A + 1의 제곱수의 차가 숫자 B의 제곱수임을 뜻하며, 이때 (B, A, A + 1)은 피타고라스 삼조다. 따라서 $(A + 1)^2 - A^2 = 2A +$

1이고, 이것이 정수 B의 제곱과 같게 되는 정수 A를 찾아내면 된다.

A = 1일 때, 2A + 1 = 3은 제곱수가 아니다. A = 2일 때, 2A + 1 = 5는 제곱수가 아니다. A = 3일 때, 2A + 1 = 7은 제곱수가 아니다. A = 4일 때, 2A + 1 = 9. 성공! 이것은 B = 3의 제곱수이고, 이때 피타고라스 삼조 (3, 4, 5)를 얻는다. A = 5일 때, 2A + 1 = 11은 제곱수가 아니다. 2A + 1 = 25가 되는 A = 12가 나올 때까지 제곱수는 발견되지 않는다. 25는 B = 5의 제곱수이고, 이때 피타고라스 삼조 (5, 12, 13)을 얻는다. 계속 진행하다 보면 A = 24일 때, 2A + 1 = 49가 된다. 이것은 B = 7의 제곱수이고, 이때 피타고라스 삼조 (7, 24, 25)를 얻는다.

이때 피타고라스 삼조를 만드는 정수 B는 연속된 홀수, 즉 $B = 2n + 1$임을 알 수 있다. 그러므로 대응되는 수 A에서 $2A + 1 = B^2 = (2n + 1)^2 = 4n^2 + 4n + 1$임이 드러난다. 그러면 $A = 2n^2 + 2n$이고, $A + 1 = 2n^2 + 2n + 1$이 된다. 따라서 우리의 삼조 (B, A, A + 1) 형태는 우리가 바라던 공식을 얻게 해준다.

이 계열의 모든 삼조를 기하학적으로 결합한 배열이 최근 발견되었다. 이 배열에는 삼조와 관련된 직각삼각형들이 나선 모양으로 교묘히 배치되어 있다.

피타고라스 삼조의 계열

다음 그림은 피타고라스 계열의 삼조와 관련된 직각삼각형의 흥미로운 배열을 보여준다. 이것은 2015년에 루이스 테이아 고메스Luis Teia Gomes가 발견했다. 이제 이것을 어떻게 읽는지 알아보자.

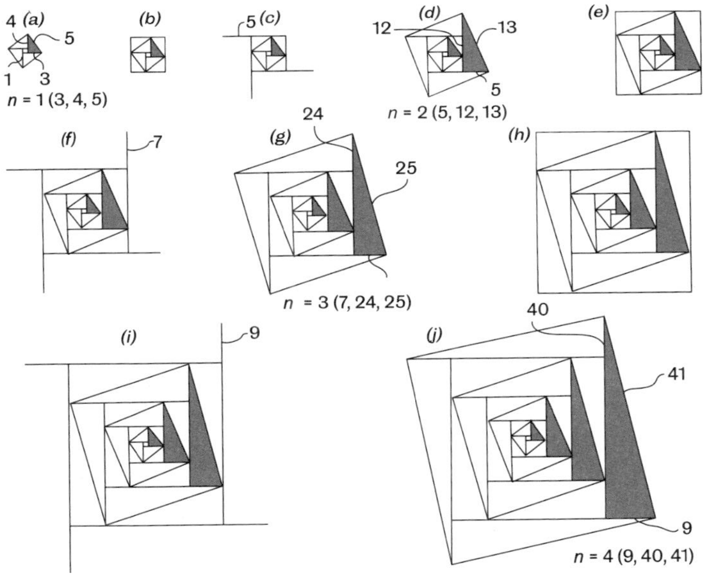

계열의 첫 삼조인 (3, 4, 5)와 관련된 네 개의 삼각형에서 출발한다. 이 네 개의 삼각형을 그림 (a)처럼 배치한다. 중앙의 조그만 정사각형 한 변의 길이는 4 − 3이므로 1이다. (b)의 정사각형 한 변의 길이는 처음 삼각형의 작은 두 변 길이의 합이므로 3 + 4 = 7이다. 홀수 5만큼 길이를 연장하고(c), 그에 따라 (d)에서 이 계열의 두 번째 삼조인 (5, 12, 13)에 대응하는 삼각형이 만들어진다. 이제 다음 홀수 7을 가지고 같은 작업 (e) (f) (g)를 하고, 다음으로는 홀수 9를 가지고 (h) (i) 작업을 다시 하는 식이다. 그림 위에 짙은 회색으로 표시된, 작업을 통해 얻은 직각삼각형을 연속적으로 측정하면 피타고라스 삼조 계열을 얻을 수 있다.
이런 구성은 수학적 귀납법 덕분에 무한정 작동한다는 것을 확인할 수 있다(52쪽 참고).

정말 피타고라스일까?

오늘날 피타고라스 삼조라고 불리는 이 개념을 소개한 사람이 정말 피타고라스일까, 아니면 피타고라스학파의 어떤 구성원일까? 확실히 답할 수는 없을 것이다.

게다가 어떤 학자들은 피타고라스 시대 이전임을 주장하는 것 같다. 플림턴 322라 불리는 바빌로니아의 점토판에는 설형문자가 새겨져 있는데, 연대가 기원전 1800년까지 거슬러 올라간다. 이것은 비록 불완전하긴 하지만 피타고라스 삼조의 목록을 포함하는 것으로 보인다. 그러나 전문가들은 여전히 이 점에 대한 합의를 이루지 못하고 있다. 그것은 이 서판에 대한 다른 해석들이 제기되었기 때문이다. 그러므로 바빌로니아인들이 피타고라스보다 앞섰다고 단

플림턴 322 서판. 약 13×9센티미터에 설형문자로 기록.
2열과 3열에 서로 다른 피타고라스 삼조의 두 요소가 포함되어 있다.

정할 수는 없다.

한편 인도의 경전 『바우다야나 술바 수트라Baudhayana Sulba Sutra』는 기원전 800년에서 기원전 400년 사이 특정할 수 없는 시기에 쓰였다. 이것은 우리가 피타고라스의 정리라 명명한 것을 진술하고 있으며, 피타고라스 삼조의 목록 (3, 4, 5), (5, 12, 13), (8, 15, 17), (7, 24, 25), (12, 35, 37)을 보여준다. 여기서도 마찬가지로 경전이 쓰인 연대가 불명확해 단정할 수 없어, 피타고라스가 인도의 경전보다 앞섰는지 알 수 없다.

요약하면, 피타고라스의 정리와 이에 관련된 삼조가 정말로 피타고라스학파에서 비롯되었다거나 반대로 재발견되었거나 차용되었다고 아무도 단정할 수 없다. 중요한 수학적 개념의 기원을 되짚는 것은 정말 까다로운 일이다!

삼조의 다른 계열들

다시 한번 프로클로스에 따르면, 그리스 철학자 플라톤도 피타고라스 삼조의 두 번째 무한 계열, 즉 $(n^2-1, 2n, n^2+1)$을 알고 있었다. 피타고라스 계열처럼 이 무한 계열도 원시 삼조 집합을 부분적으로만 제공한다.

온전한 첫 번째 계열을 언급한 사람은 바로 유클리드다. 이 첫 번째 계열은 모든 원시 피타고라스 삼조를 알 수 있도록 해준다. 이 계열은 두 개의 변수인 양의 정수 m, n에 근거하는데, 이때 $m > n$이며 $(m^2-n^2, 2mn, m^2+n^2)$으로 쓴다. 이 공식은 모든 원시 삼조를 알려주지만 원시 삼조가 아닌 것들도 알려준다. m, n이 둘 다 홀수가 아니고 1보다 큰 공약수를 가지지 않을 때가 원시 삼조다.

모든 피타고라스 삼조를 알려주는 공식을 만들고 싶다면 세 번째 변수인 정수 k를 도입하면 된다. 이때 이 계열은 다음과 같다.

$$(k(m^2-n^2), 2kmn, k(m^2+n^2))$$

원시 피타고라스 삼조는 아주 많다. 세 요소 모두 100보다 작은 삼조로 제한하면 16개를 찾을 수 있다.

$$(3,4,5)\ (5,12,13)\ (8,15,17)\ (7,24,25)$$
$$(20,21,29)\ (12,35,37)\ (9,40,41)\ (28,45,53)$$

(11, 60, 61) (16, 63, 65) (33, 56, 65) (48, 55, 73)

(13, 84, 85) (36, 77, 85) (39, 80, 89) (65, 72, 97)

2,000년간의 연구!

자그마치 2,500년이 훨씬 넘는 동안 우리는 원시 피타고라스 삼조 무한 계열의 속성을 연구하고 있다.

그것에 관해 증명된 몇 가지 사실을 소개한다. 이것들을 증명하려면 그만큼의 연구가 필요하고, 그것은 쉬운 일이 아니다.

$a < b < c$인 원시 피타고라스 삼조 (a, b, c)가 있다고 하자. 이때

- a와 b 중 하나는 홀수이고 c는 홀수다.
- 정수 $(c - a)(c - b)/2$는 언제나 제곱수다. 예를 들어, $(13 - 5)(13 - 12)/2 = 8/2 = 4$, 그리고 $(85 - 13)(85 - 84)/2 = 72/2 = 36$이다.
- 세 수 a, b, c 중 기껏해야 하나만 제곱수다.
- a와 b 중 하나는 3의 배수다.
- a와 b 중 하나는 4의 배수다.
- a, b, c 중 하나는 5의 배수다.
- ab는 언제나 12의 배수이고 abc는 60의 배수다.

• c의 모든 소인수는 $4k+1$(k는 정수) 형태이고, 따라서 c 자체도 $4k+1$(k는 정수) 형태다.

여기에 더해

• 피에르 드 페르마는 피타고라스 삼각형과 관련된 삼각형의 넓이 $ab/2$는 결코 제곱수가 아니고 제곱수의 두 배도 아님을 증명했다.

• 피타고라스 삼조에서 출발해 그린 삼각형의 예각 중 어떤 것도 육십분법(도, °)으로 표시했을 때 유리수(두 정수의 비로 나타낼 수 있는 수)가 아니다.

• 3부터 모든 정수는 적어도 한 개의 피타고라스 삼조(원시든 아니든)에 등장한다.

• $4k+2$ 형태가 아닌, 3 이상의 모든 정수는 원시 피타고라스 삼조에 등장한다.

• 1900년에 데릭 레머Derrick Lehmer는 π와 로그 2를 끌어들여 신기한 결과를 보여주었다. 원시 피타고라스 삼조에서 세 수의 합(관련된 삼각형의 둘레 길이와 같다)이 k보다 작은 삼조의 개수를 $N(k)$라고 하면, k가 한없이 커질 때 $N(k)/k$는 $\log(2)/\pi^2$에 가까워진다.

• 만일 $n > 2$인 정수 n에 대하여, F_n이 $F_1 = F_2 = 1$, $F_n = F_{n-1} + F_{n-2}$로 정의되는 피보나치수열(우리는 이 유명한 수열을 5장에서

공부할 것이다)의 n번째 수라면 $(F_nF_{n+3}, 2F_{n+1}F_{n+2}, F_{n+1}^2 + F_{n+2}^2)$ 삼조는 피타고라스 삼조다.

- 어떤 원시 피타고라스 삼조는 넓이가 같은 직각삼각형을 만든다. 이들 중 가장 작은 두 개는 (20, 21, 29)와 (12, 35, 37)이다. 같은 넓이의 삼각형을 만드는 피타고라스 삼조 세 개가 알려져 있는데, 바로 (4485, 5852, 7373), (3059, 8580, 9109), (1380, 19019, 19069)이다.

베르그렌의 삼항 트리

20세기 초 어느 훌륭한 연구 결과 덕분에, 양이 많아서 다소 혼란스러운 원시 피타고라스 삼조 계열이 어느 정도 정리되었다.

스웨덴의 수학자 B. 베르그렌B. Berggren은 이 무한집합이 끝없는 3항 트리 구조임을 증명했다. 각 가지는 정확히 세 개의 또 다른 가지를 낳는다. 실제로 이 가지를 전개해나가면, (a, b, c)가 피타고라스 삼조일 때 아래 경우도 피타고라스 삼조임을 알게 된다.

$$\mathrm{A}(a, b, c) = (a - 2b + 2c, 2a - b + 2c, 2a - 2b + 3c)$$

$$\mathrm{B}(a, b, c) = (a + 2b + 2c, 2a + b + 2c, 2a + 2b + 3c)$$

$$\mathrm{C}(a, b, c) = (-a + 2b + 2c, -2a + b + 2c, -2a + 2b + 3c)$$

놀라운 것은 (3, 4, 5)에서 시작해 A, B, C 변환을 계속해나가면 빠뜨리는 것도 중복되는 것도 없다는 점이다. 즉, 모든 원시 피타고라스 삼조는 처음 삼조에서 출발해 연속된 A, B, C 변환을 통해 하나씩만 얻어진다. 그러므로 모든 삼조를 문자 A, B, C의 유한수열로 이뤄진 한 개의 기호와 연결할 수 있다.

$$\text{예: } ABC(3,4,5) = (115, 252, 277)$$
$$AABBCC(3,4,5) = (2299, 7140, 7501)$$

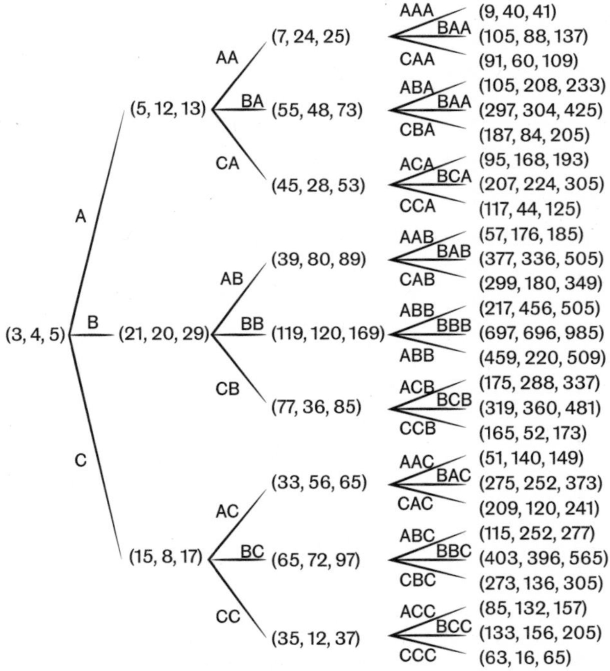

베르그렌 트리의 첫 네 단계. 이것은 원시 피타고라스 삼조 안에 숨겨진 질서를 드러낸다.

이처럼 모든 원시 피타고라스 삼조를 순차적으로 만들 수 있다. 하나를 빠뜨리지도, 같은 게 두 번 나오지도 않는다! 이 놀라운 결과는 1934년에 증명되어, 스웨덴의 한 잡지에 실렸다(188쪽 참고문헌 참고). 그리고 미국의 수학자 로저 포겔러Roger Vogeler는 이 트리에 대한 놀라운 기하학적 해석을 찾아냈다. 그의 작도는 정사각형 안에 그려진 원을 이용하는데, 단계마다 새로운 점들이 원 위에 찍힌다. 이 점들은 각각 직사각형 하나를 결정하는데, 이 직사각형의 크기는 피타고라스 삼조 하나와 일치한다. 어떤 단계에서 얻은 직사각형은 모두 다음 단계의 직사각형 세 개를 결정한다. 그럼으로써 베르그렌 트리의 연속적 단계를 설명할 수 있다.

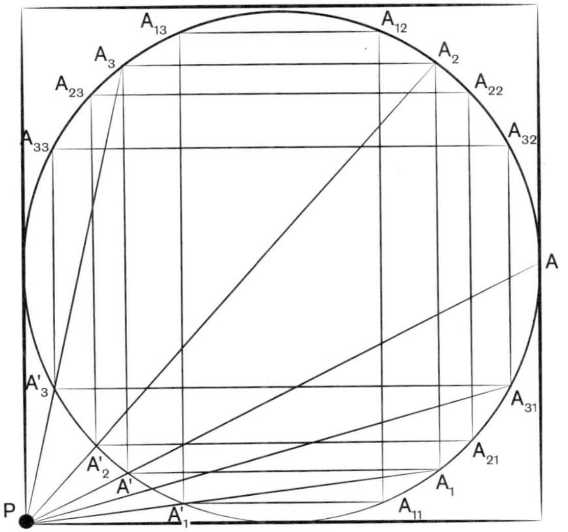

로저 포겔러의 작도

로저 포겔러의 작도에 대한 설명

포겔러의 작도를 이용해 베르그렌 트리의 삼조를 어떻게 얻을 수 있는지 알아보자. 안에 원이 그려진 정사각형에서 출발한다(95쪽 그림 참고). 정사각형의 왼쪽 아래 모서리(점 P)를, 정사각형의 오른쪽 세로 변 위에 있는 정사각형과 원의 접점(점 A)에 연결한다. 선분 PA는 원과 점 A′에서 만난다. A′에서 출발해, 원에 접해 있고 처음 정사각형의 각 변과 평행하도록 가로세로 변이 있는 직사각형 $A'A_1A_2A_3$을 만든다. 이 직사각형에 인접한 두 변과 대각선은 직각삼각형을 이루는데, 그 비율은 첫 번째 원시 피타고라스 삼조인 (3, 4, 5)와 관련된 직각삼각형의 비율이다.

이제 A_1에서 출발해 A에서 했던 작업을 다시 한다. A_1에서 점 P까지 직선을 그은 다음 A_1'을 찍으면 그 점에서 이 직선은 원을 절단한다. 이제 두 번째 직사각형 $A_1'A_{11}A_{12}A_{13}$을 얻는데, 이것은 (5, 12, 13) 삼조를 제공한다. 같은 작업을 A_2에서 출발해 시작하면 직사각형 $A_2'A_{21}A_{22}A_{23}$과 삼조 (21, 20, 29)를 얻고, 다음으로 A_3에서 출발하면 직사각형 $A_3'A_{31}A_{32}A_{33}$과 삼조 (15, 8, 17)을 얻는다. 이렇게 베르그렌 트리의 첫 세 가지가 만들어졌다.

이 작도를 계속 따라가면 각각의 새로운 직사각형은 추가적인 세 점을 만들고, 따라서 세 개의 새로운 직사각형과 삼조가 얻어지며, 이것들은 베르그렌 트리 2단계에 있는 총 아홉 개의 피타고라스 삼조를 만들어내는 식이다.

피타고라스 삼조의 채색

피타고라스 삼조가 인기를 끌자 '채색 문제'를 규정하기에 이르렀는데, 이것은 계산 경쟁으로 변했다. 이 개념은 두 명의 저명한 수학자 팔 에르되시Pál Erdös와 로널드 그레이엄Ronald Graham에게서 비롯되었다. 이들은 끈질기게 안 풀리던 문제를 해결하는 사람에게 현상금을 걸었다. 문제가 어려웠던 만큼 제시된 상금은 적지 않은 금액이었다. 그레이엄은 문제를 해결하는 데 250달러를 내걸었으나 불행히도 2020년 7월 사망했다. 따라서 현상금은 제공되지 못할 것이다. 문제는 다음과 같다.

'정수의 집합 전체를 유한 수(k개)의 부분집합 S_1, S_2, ⋯, S_k로 분리해 이 부분집합 중 어떤 것도 한 피타고라스 삼조의 세 숫자를 모두 포함하지 않도록 할 수 있을까?'

이 문제는 채색 문제라고 할 수 있다. 왜냐하면 k개의 부분집합을 정하는 것이 서로 다른 k개의 색깔로 정수들을 채색하는 것과 같기 때문이다. 에르되시와 그레이엄의 질문에 대한 답이 "아니요"라면, 그것은 어떤 피타고라스 삼조라도 모두 피하기 위해 정수를 무한히 많은 부분집합으로 분리해야 한다는 뜻이다. 만일 답이 "예"라면 분리할 수 있게 해주는 가장 작은 정수 k가 무엇인지 알려줘야 한다.

예를 들어, $k = 2$라고 가정하면, 즉 $S_1 = P$인 짝수pair의 집합과 $S_2 = I$인 홀수impair의 집합같이 정수를 두 개의 부분집합으로 분리할 수 있다. 이 방법은 만족스럽지 않다. 삼조 (6, 8, 10)의 세 수는 모두 P에 속한 정수이기 때문이다. 사실 이 문제는 해결하기가 쉽지 않아, 연구자들 간의 계산 경쟁으로 변했다.

문제의 답이 숫자 $k = 2$인지 아닌지 안다는 것은, 한 피타고라스 삼조의 세 요소가 결코 셋 다 밑줄이 그어지거나 셋 다 밑줄이 그어지지 않는 일이 없도록 특정한 정수들에 밑줄을 그어보는 것이다. 가능한 한 가장 큰 정수까지 올라가면서 차근차근 시도할 수 있다. 다음 1~20까지 숫자의 밑줄은 정확하다.

$$1, 2, \underline{3}, 4, 5, 6, 7, \underline{8}, 9, 10, 11, \underline{12}, \underline{13}, 14, 15, 16, 17, 18, 19, \underline{20}.$$

2008년에는 고성능 IT 프로그램을 이용해 두 부분집합으로의 분리가 정수 1344까지 이뤄졌다. 2012년에는 1514까지, 2015년에는 7664까지 갈 수 있었다. 마침내 2016년 마레인 휠러Marijn Heule, 올리버 컬먼Oliver Kullmann, 빅터 마렉Victor Marek은 7824에 도달했다.

99쪽의 그림은 정수 7824까지의 채색에 관한 몇 가지 해결책을 소개한다. 그림에서 검은색 정사각형은 밑줄 그은 정수와 일치하고, 회색 정사각형은 밑줄 긋지 않은 정수에 해당하며, 흰색 정사각형은 연구 목적에 어긋나지 않은 채 검은색이나 회색으로 바뀔 수 있다. 따라서 그림은 모든 흰색을 검은색으로 칠하는 방법, 두 번째로 모든 흰색을 회색으로 칠하는 방법, 그리고 흰색을 무작위로 검은색과 회색으로 칠하는 또 다른 여러 방법을 나타낸다.

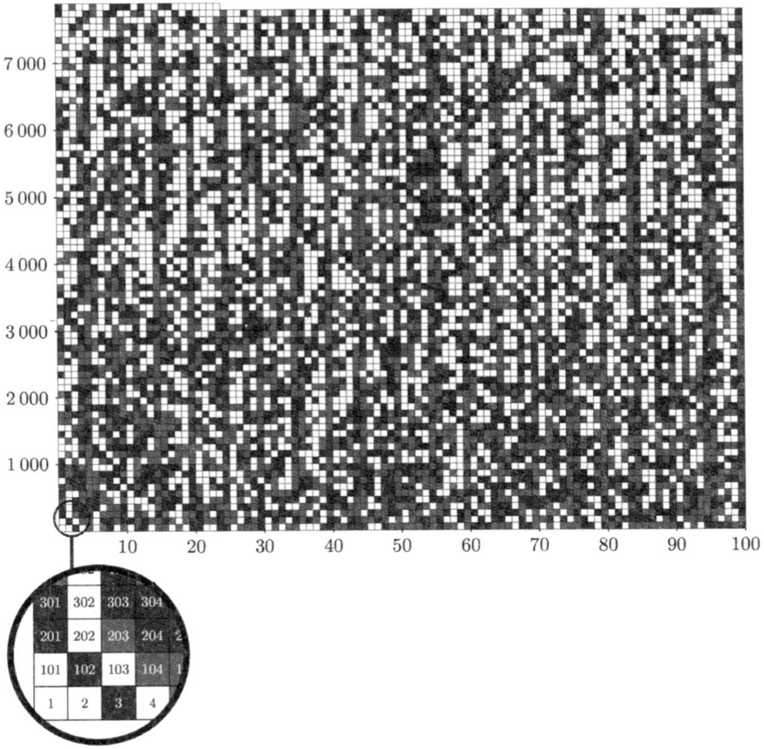

7824까지 정수의 채색

실제 이 결과가 최대치다. 왜냐하면 연구자들은 7824까지 정수의 경우 두 가지 색깔의 채색을 제시했으며, 7825의 경우 아무런 채색이 없음을 보여주었기 때문이다. 따라서 피타고라스 삼조 없이 정수를 부분집합으로 분리하기 위해서는 적어도 세 개의 부분집합이 필요하다!

그러나 결과를 얻기 위해서 했던 연산에 오류가 있을 위험 때문에 한동안 의혹이 있었다. 이 위험은 문제의 명제를 순수논리학 표현으로 바꾼 데서 비롯되었다. 이 논리학 표현은 이후 알고리즘에 맡겨졌는데, 이 알고리즘은 7825에 대한 해법이 없음을 증명했다. 2019년 마침내 루이스 크루즈필리페Luís Cruz-Filipe, 주앙 마르크스실바João Marques-Silva, 페터 슈나이더캄프Peter Schneider-Kamp가 이 전환에 대한 검증에 성공했다. 이 방법을 실행하는 데 프랑스 국립정보통신기술연구소INRIA의 증명 도우미 코크Coq가 사용되었다.

이처럼 컴퓨터는 컴퓨터 없이는 아마도 해결할 수 없을 여러 추측에 대한 해법을 찾도록 도울 뿐 아니라, 귀납적 제어를 통해 결과를 보강한다.

과연 세 개로 분할이 가능할까? 이 추측은 지금도 미해결 상태다. $k = 2$인 경우를 다루기 위해 실행된 엄청난 규모의 계산 작업은 문제의 결정적 해답을 얻기가 요원하다는 두려움을 갖게 한다.

이 장을 맺기 전에, 최근 세 가지 문제를 해결하는 데 피타고라스 삼조가 적용되었음을 언급하고자 한다. 우선, 삼조는 허위의 임의적 수열을 생성하는 데 사용되었다. 허위의 임의적 수열이란 알고리즘을 통해 만들어졌지만, 실제로는 진짜 임의의 수열, 즉 일례로 동전의 앞뒤가 임의로 나오는 것과 같은 수열과 구별할 수 없음을 말한다. 이 허위의 임의적 수열은 IT 분야에서 아주 유용하다. IT 기술을 통해 진짜로 임의적인 수를 만드는 것이 어렵기 때문이다.

또한 피타고라스 삼조는 암호 분야에서 키 공유 작업을 하는 데 사용되었다. 원거리의 다양한 사용자들에게 동일한 암호 키를 분배하기 위한 것으로, 상대편은 그것을 모르게 해야 한다.

마지막으로, 피타고라스 삼조는 양자 컴퓨터 시스템의 설정을 계산하기 위해 사용되었다. 이것은 다른 방법으로는 얻기 어려운 특별한 속성을 양자 시스템에 부여함으로써 가능하다.

5장

피보나치수열과 황금비

신화 속에 등장했던 그 유명한 '황금수(또는 황금비)'는 고대 그리스에서 이미 알려져 있었다. 이것은 유클리드의 『원론』에 '극대와 극대가 아닌 비의 분할'이라는 이름으로 등장하며 피타고라스도 이것을 알고 있었을 가능성이 있다. 13세기에 놀라운 수열 하나가 레오나르도 피보나치에 의해 정의되었고, 기하학의 개입 없이 정수 간의 순수한 게임으로부터 이 황금비를 탄생시킨다. 오늘날 이 수열을 통해 드러난 경이로움은 널리 알려졌고, 전 세계 연구자들을 통해 주의 깊게 연구되고 있다.

대단한 토끼들

피사 공화국의 상인이자 공증인의 아들인 레오나르도 피보나치

≪ 피보나치의 책이 서양에 소개한 대수적 사고방식은 현대 과학과 공학의 토대를 이룬다. ≫

키스 데블린Keith Devlin(미국의 수학자), 2011

Leonardo Fibonacci는 1175년경에 태어나 1250년경 사망했다. 그는 레오나르도 피사노 혹은 레오나르 드 피사라는 이름으로도 알려졌다. 그는 여행을 많이 했다. 특히 이집트와 프로방스를 다녀왔고 십진법의 위치적 기수법을 보급하는 데 일조했다(2장 참고).

오늘날 그의 이름이 대중에게 알려진 것은 피보나치가 1202년에 쓴 책 『산반서Liber abaci』에 이런 문제를 소개했기 때문이다. "어떤 남자가 사방이 벽으로 둘러싸인 고립된 장소에 토끼 한 쌍을 둔다. 만일 각 쌍이 3개월째부터 매달 한 쌍의 토끼를 낳으면 한 해 동안 몇 쌍의 토끼를 얻을 수 있을까?"

정답은… 144이다! 1개월 후 울타리 안에 살아 있는 토끼 쌍의 수를 F_1, 2개월 후의 수를 F_2 등으로 기록해서 계산하면 $F_1 = 1$, $F_2 = 1$, $F_3 = 2$, $F_4 = 3$, $F_5 = 5$, $F_6 = 8$, $F_7 = 13$, $F_8 = 21$, $F_9 = 34$, $F_{10} = 55$, $F_{11} = 89$, $F_{12} = 144$, … 이 수열에는 흔히 $F_0 = 0$을 추가하는데, 오늘날 이 수열을 피보나치수열이라고 한다.

이 수열의 처음 40개 수는 다음과 같다.

0, 1, 1, 2, 3, 5, 8, 13, 21, 34, 55, 89, 144, 233, 377, 610, 987,

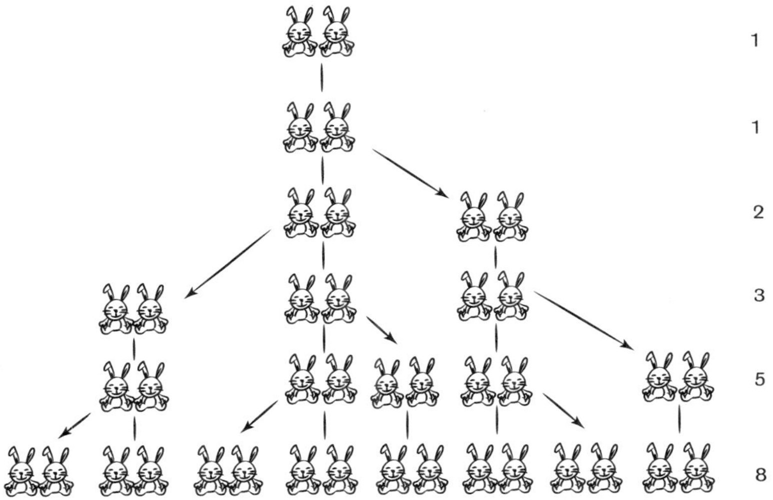

피보나치의 토끼들. 여섯 번째 달이 끝나면 울타리 안에는 토끼 8쌍이 있다.

1597, 2584, 4181, 6765, 10946, 17711, 28657, 46368, 75025, 121393, 196418, 317811, 514229, 832040, 1346269, 2178309, 3524578, 5702887, 9227465, 14930352, 24157817, 39088169, 63245986. 피보나치의 토끼는 급속도로 번식한다!

피보나치수열의 수는 다음과 같은 기본 관계를 확인해준다.

$$F_n = F_{n-1} + F_{n-2}(n\text{은 1보다 큰 정수})$$

실제로 n개월 뒤 울타리 안에는 $n-1$개월에 있었던 F_{n-1}쌍이 있고, 거기에 더해 2개월이 되었거나 2개월을 초과한 쌍에게서 태어난 (따라서 태어난 지 3개월째가 되었거나 그 이상인) F_{n-2}쌍도 있었다. 다시 말해, 2개월 전에 이미 존재하던 쌍이 F_{n-2}만큼 있었다.

이제 F_n, F_{n-1}, F_{n-2}를 연결하는 관계식을 도출하면 다음과 같다.

$$\frac{F_n}{F_{n-2}} = \frac{F_{n-1}}{F_{n-2}} + \frac{F_{n-2}}{F_{n-2}}$$

또는 연속된 두 항의 비가 나타나도록 한다.

$$(F_n/F_{n-1})(F_{n-1}/F_{n-2}) = (F_{n-1}/F_{n-2}) + 1$$

만일 F_n/F_{n-1} 비가 어떤 극한값 L로 수렴함을 받아들이면, 이것은 $L \times L = L + 1$을 입증하는 것이고, 이 이차방정식을 풀면 유일한 양의 해가 나온다.

$$L = \frac{1+\sqrt{5}}{2} = 1.6180339887\cdots$$

이 수를 황금비라고 하며, 그리스 문자 φ(피)로 표기한다. '신성한 비율'이라고도 불리는 '황금비'는 피보나치수열의 연속된 두 항의 비의 한계임을 기억하자.

이 수의 역사는 길다. 피타고라스는 기하학에 능통했기에 이 마법의 비율을 만났는지도 모른다. 하지만 황금비에 대한 최초의 기하학적 정의가 나타난 것은 유클리드의 『원론』이다. 이 책에서 유클리드는 어떤 선분을 길이가 다른 두 부분으로 절단하는 조화로운 방법을 찾는다. 그는 다음과 같이 정의한다.

어떤 직선이 극대와 극대가 아닌 비로 분할되었다는 것은, 이 직선의 전체 길이와 긴 선분의 길이의 비가, 긴 선분의 길이와 짧은 선분의 길이의 비와 같을 때를 말한다.

더 현대적인 말로 표현하면 이렇다. 황금비 φ는 두 길이 a와 b의 고유한 비 a/b로 정의되는데, 이때 긴 길이 a에 대한 두 길이의 합 $a+b$의 비는 짧은 길이에 대한 긴 길이의 비와 같다.

$$\frac{a+b}{a}=\frac{a}{b}$$

이 비율은 다른 도형에서도 나타난다. 특히 정오각형에서 나타난다. 다시 말해, 정오각형에서의 황금비는 이웃하지 않은 두 꼭짓점을 잇는 선분의 길이와 한 변의 길이 간 비율이다.

여러 세기에 걸쳐 황금비는 레오나르도 다빈치나 폴 세뤼시에

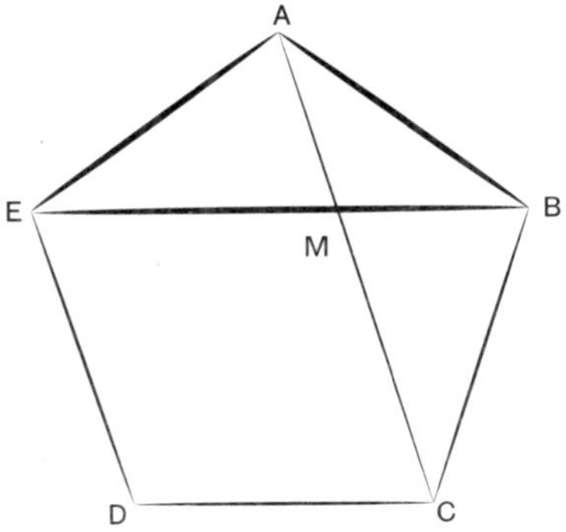

EB/AB 그리고 EM/MB = MC/MB, 이 비율들은 황금비와 같다. 이 비에 상응하는 이등변삼각형 AEB와 MBC는 때로 '황금삼각형' 또는 '숭고한 삼각형'으로 불린다.

Paul Sérusier 같은 많은 화가를 매료시켰다. 세뤼시에는 20세기 초 나비Nabi파 화가들과 함께 이 황금비에서 예술 작품의 조화를 이루는 열쇠를 찾아내고자 했다.

미술사가 마르그리트 느뵈Marguerite Neveux는 이런 전설의 기원을 추적해 모든 것을 제자리로 돌려놓는다(189쪽 참고문헌 참고). 그녀가 쓴 이 책에 따르면 황금비는 여러 측면에서 수학적으로 흥미로우며 오각형처럼 멋진 도형들 안에 존재하고 수많은 화가에 의해 의도적으로 사용되었지만, 멋진 형태나 아름다운 그림을 만들어내기 위한 궁극의 비밀은 아니다. 황금비는 예를 들면 $\sqrt{2}$, $\sqrt{3}$ 또는 π보다 더 많은 심미적 효능을 갖고 있지도 않다.

우리는 이어지는 내용에서 주로 피보나치수열에 집중할 것이다. 이 수열은 쉽게 정의할 수 있고, 아주 풍부하며, 우리를 몇 번이고 황금비로 안내할 것이다. 이 수열은 수많은 연구의 주제였으며, 여전히 그렇다. 우리는 이 수열에 관해 알려진 모든 것을 살펴보지 않고(이 책의 나머지를 할애해도 부족할 것이다), 이것의 몇 가지 속성과 흥미로운 질문들만 살펴보겠다.

자연에서

피보나치수열의 수들이 비밀스러운 조화를 나타낸 것은 아닐지

이 해바라기 속 작은 꽃들은 반시계 방향으로 21개의 나선 모양이, 시계 방향으로 34개의 나선 모양이 배열되어 있다.

라도 해바라기꽃과 여러 다른 식물 안에 명백히 존재한다. 꽃의 나선 모양 배열을 보면 주로 두 형태의 나선형을 이루고 있다. 예를 들면, 한 방향으로 21개가 나선형으로 배치되어 있고, 반대 방향으로 34개가 있다. 이 수들은 피보나치수열의 연속된 두 항이다. 최신 연구에서도 이 수열이 생물계에 얼마나 매혹적으로 존재하는지 설명되고 있다. 이런 구조는 공간의 최적 사용과 관련이 있다. 따라서 이 구조에는 물리적 원인이 있다고 생각된다. 물방울을 사용한 여러 실험을 통해 이런 배열을 재현하고 있다(189쪽 참고문헌 참고).

고를 수 있는 정의

우리가 피보나치수열에 대해 내린 정의는 수많은 정의 중 하나의 대안이다. 이제 이 수열의 수학적 중요성을 밝혀주는 몇 가지 정의를 소개하겠다.

이 수열의 수학적 가치는 어디에나 스며 있고 심지어 가장 없을 법한 곳에도 있다!

- F_n은 n을 홀수인 정수들의 합으로 설명하는 방법의 개수다. $F_6 = 8$인데, 6을 홀수인 정수의 합으로 나타내는 방법이 여덟 개 있기 때문이다.

$$6 = 1+1+1+1+1+1 = 1+1+1+3 = 1+1+3+1$$
$$= 1+3+1+1 = 3+1+1+1 = 1+5 = 5+1 = 3+3$$

- F_n은 1과 $n-2$ 사이 정수로 이뤄진 길이가 n인 수열의 개수다. 이 수열은 1에서 시작하며 연속된 두 항은 언제나 정확히 1 차이가 난다. $F_6 = 8$인데, 이런 수열이 여덟 개 있기 때문이다.

121212 121232 121234 123212

123232 123234 123432 123434

- F_{n+2}는 길이가 n인 암호의 개수다. 이 암호는 0과 1로 이뤄져 있고 1이 연속적으로 두 개 있으면 안 된다. 예를 들어, $F_5 = 5$인데, 1이 연속적으로 두 개 포함되지 않은 길이가 3인 암호는 정확히 다섯 개(000, 100, 010, 001, 101)이기 때문이다. $F_6 = 8$인 이유는 1이 연속적으로 두 개 포함되지 않으면서 길이가 4인 암호가 여덟 개 있기 때문이다.

0000 1000 0100 0010 0001 0101 1001 1010

- F_{n+1}은 $2 \times n$ 크기의 직사각형을 2×1 크기의 도미노로 덮는 방법의 가지수다. $F_5 = 5$인 이유는 2×4 직사각형을 도미노로 덮는 방법이 다섯 가지이기 때문이다.

피보나치의 도미노

닐 슬론Neil Sloane의 온라인 정수열 백과사전OEIS에 또 다른 정의들이 소개되어 있다. 인터넷 검색도 가능하다.

빨리 계산하는 법

« 수학에서 피보나치수열의 수만큼 어디에나 존재하는 수는 없다. »

앨프리드 포저멘티어Alfred Posamentier(미국의 교육자), 잉마어 레만Ingmar Lehmann(독일의 수학자), 2007

피보나치수열이 많은 수학 분과, 심지어 자연에서도 나타나므로 이것을 계산할 줄 아는 것은 매우 중요하다. 그런데 우리는 순환적 표현으로 이 수열을 정의했다. 그것은 우선 그 앞의 모든 항을 계산해야 새로운 항을 얻을 수 있다는 뜻이다. 그렇다면 어떻게 해야 수열의 맨 뒤쪽 항에 가능한 한 빨리 도달할 수 있을까?

아주 빠른 방법은 다음 두 가지 공식을 이용하는 것이다.

$$F_{2k} = (2F_{k-1} + F_k)F_k \text{ 그리고 } F_{2k+1} = F_k^2 + F_{k+1}^2$$

수고롭지 않은 피보나치

울타리 안의 토끼 쌍들은 예를 들어 3년 3개월 후 얼마나 많이 살아 있을까? 이 질문에 대답하려면 F_{39}를 계산해야 하는데, 39까지 이 수열의 모든 항을 계산해야 한다고 생각하면 너무나 지겨운 작업이 될 것이다.

두 가지 공식을 적절히 사용하면, 필요한 것을 두 번 계산하지 않아도 효율적인 연산이 가능하다(계산하고 있는 수열의 항 번호에 따라 대수적으로 증가하는 일정 수의 연산만 하면 된다. 이렇게 하면 순진하게 계산해도 훨씬 더 빠르다).

F_n을 F_{10}까지만 알고 있다고 생각하면서 112쪽의 두 공식을 F_{39}에 적용해보자. 이때 $F_{39} = F_{19}^2 + F_{20}^2$이고 이것을 알려면 F_{19}와 F_{20}을 알아야 한다.

$$F_{20} = (2F_9 + F_{10})F_{10} = (2 \times 34 + 55) \times 55 = 6765$$
$$F_{19} = F_9^2 + F_{10}^2 = 34^2 + 55^2 = 4181$$

이 값들을 F_{39} 식에 대입하면 마침내 별로 수고하지 않고도 답이 나온다.

$$F_{39} = 4181^2 + 6765^2 = 63245986$$

이 방법은 자크 비네Jacques Binet가 1834년에 내놓은 유명한 공식보다 훨씬 효과적이다. 비네의 공식을 살펴보자.

$$F_n = \frac{\varphi^n - \left(\frac{-1}{\varphi}\right)^n}{\sqrt{5}}$$

이 공식을 사용하려면 우선 $\sqrt{5}$와 φ의 값을 아주 정확히 알아야 한다.

우리가 방금 언급한 공식들을 찾아내기란 쉽지 않다. 하지만 이것들을 알고 있을 때는 약간의 인내심만 있으면 증명할 수 있다. 즉, 비네의 공식에 등식 $\varphi^2 = 1 + \varphi$를 이용해 수학적 귀납법을 실행하면 된다. 그리고 간단한 대입과 약분을 거치면 빠른 계산을 가능하게 해주는 두 공식이 증명된다.

피보나치와 소수

수를 안다는 것은 특히 그것을 인수분해할 줄 안다는 것이다. 하지만 피보나치수열의 항들에서는 이 일이 불행히도 쉽지 않다. 가장 많이 연구된 문제 중에서도 이 수열에 속한 수의 약수 문제가 수학자들을 특히 사로잡는 이유가 바로 그것이다. 이 수열에 속한 항들의 주목할 만한 속성은 이것이다.

n이 m의 약수이면 F_n은 F_m의 약수다.

예를 들어, 5는 15의 약수이므로, $F_5 = 5$는 $F_{15} = 610$의 약수임이 도출된다. 마찬가지로 10이 100의 약수이기 때문에 $F_{10} = 55$는 F_{100}의 약수다. 이것은 다음 인수분해를 통해 확인된다.

$$F_{100} = 3 \times 5^2 \times 11 \times 41 \times 101 \times 151 \times 401 \times 3001 \times 570601$$

앞선 결과에서 'F_n이 소수이면 n은 소수'임을 알 수 있다. 이것은 수열의 모든 소수가 소수인 번호를 가지고 있음을 보면 확인할 수 있다. 예를 들어, $F_3 = 2, F_5 = 5, F_7 = 13, F_{11} = 89, F_{13} = 233, F_{17} = 1597, F_{23} = 28657, F_{29} = 514229, F_{43} = 433494437$ 등이다.

또 다른 의외의 속성을 살펴보자. 'n과 m이 1 이외의 공약수를 갖지 않으면 대응되는 항인 F_n과 F_m도 마찬가지다.' 그 결과 수열의 연속된 두 항은 결코 1 이외의 공통 인수를 갖지 않는다.

더 놀라운 속성이 있다. '어떤 정수 m에 대하여, 모듈로 m으로 간주된 피보나치수열은 주기적이다.' 이 수열 0, 1, 1, 2, 3, 5, 8, 13, 21, 34, 55, 89, 144, 233, 377, 610, 987, 1597, 2584 등을 모듈로 2로 계산하면 다음과 같다.

0, **1**, **1**, 0, 1, 1, 0, 1, 1, 0, 1, 1, 0, 1, 1, 0, 1, 1, 0, ⋯

이때 주기는 3이다.

모듈로 3이면 주기는 8이다.

0, **1**, **1**, **2**, **0**, **2**, **2**, **1**, 0, 1, 1, 2, 0, 2, 2, 1, 0, 1, 1, ⋯

보다시피 피보나치수열은 어떤 평범한 수열과도 다르고, 이 수열에서 드러나는 규칙성은 이것의 새로운 항을 찾는 데 지치지 않는 수학자를 감탄하게 만든다.

새로운 미스터리들

피보나치수열은 800년 이상 연구되었으나 자신의 모든 미스터리를 드러내지 않았다.

이 주제에 대해 해결되지 않은 질문들이 남아 있다. 예를 들어, 누구도 그것을 증명할 수 없으나 피보나치수열에는 소수가 무한히 있다고 추측된다.

증명이 어렵기는 하지만, 다행히 가끔 진보가 이루어지기도 한다. 피보나치수열에 관해 주목할 만한 한 가지 추측에 따르면 수열에서 완전제곱수는 $0 = 0^n$, $1 = 1^n$, $8 = 2^3$, $144 = 12^2$뿐이다.

이 추측은 최근 프랑스의 수학자 얀 뷔조Yann Bugeaud와 모리스 미뇨트Maurice Mignotte, 영국의 수학자 사미르 식세크Samir Siksek를 통해 증명되었다. 이들은 결과를 세계에서 가장 권위 있는 수학 잡지 중 하나인 『수학연보Annals of Mathematics』에 게재했다. 이것은 아마추어 디지털 학자들만 피보나치수열에 대한 관심이 있는 건 아니라는 점을 보여준다.

증명되어야 할 추측 중에는 이런 것도 있다.

'p가 어떤 소수일 때, 0이 아니고 p로 나누어떨어지는 피보나치수열의 첫 번째 항은 p^2으로 나누어떨어지지 않는다.'

피보나치 암호

피보나치수열에는 수학적 미가 풍부하다. 따라서 이 수열의 기본 개념은 다양한 방식으로 이용되었다. 그중 한 가지 방식인 암호에 주목해보자.

피보나치수열의 정의는 암호 수열의 경우 다음을 뜻한다.

$$M_1 = 1, M_2 = 0 \text{이고 } n > 2 \text{일 때 } M_n = M_{n-1} + M_{n-2}$$

여기서 '+' 기호는 결합(연속된 1과 0으로 이뤄진 암호로, 하나가 다른 하나 바로 뒤에 놓인다) 연산을 뜻한다. 처음 두 암호는 여러 정의와 함께 다른 형태들이 존재하지만, 결국 똑같은(때로 조금 차이 나는) 암호 수열로 돌아오는 경우가 가장 흔하다.

암호 수열의 시작을 살펴보자.

$$M_1 = 1 \quad M_2 = 0 \quad M_3 = 01 \quad M_4 = 010$$

$$M_5 = 01001 \quad M_6 = 01001010$$

$$M_7 = 0100101001001$$

$$M_8 = 010010100100101001010$$

$$M_9 = 0100101001001010010100100101001001$$

$$M_{10} = 0100101001001010010100100101001001010010100100101001010$$

피보나치수열과의 관련성은 즉시 알 수 있다. 암호 M_n의 길이는 F_n이다. 게다가 조금만 주의를 기울이면 M_n에서 0의 개수는 F_{n-1}이고 1의 개수는 F_{n-2}임을 알 수 있다. 따라서 M_n에서 0의 개수와 1의 개수 간 비율이 황금비로 향하는 것을 알게 된다.

여기서 암호 구성에 사용된 결합 연산법은 다음과 같은 방법과 그 결과가 같다.

'한 암호에서 다음 암호로 넘어가려면 각각의 0을 01로, 각각의 1을 0으로 바꾸라.'

수열의 새로운 암호는 매번 앞의 암호를 연장하는 것임을 알 수 있다. 이것은 암호를 계속 만들어가면 0과 1로 이뤄진 무한 암호를 얻는다는 뜻이고, 이 무한 암호를 '피보나치의 무한 암호'라고 한다.

이 무한 암호를 계산하는 뜻밖의 방법은 황금비와의 심오한 관계를 드러낸다.

우선, 바둑판 모양의 좌표 면을 그린다. 그러면 이 평면은 한 변이 1인 정사각형 모양으로 분할된다. 더 정확히 말하면 n이 정수일 때 xy 좌표 평면 위에 등식 $x = n$, $y = n$을 뜻하는 직선을 모두 그린다. 다음으로 원점을 지나는 기울기가 황금비 φ(피)인 직선, 즉 직선 $y = \varphi x$을 그린다. 이때 원점에서 출발해 이 선을 따라가면서 바둑판의 수직선과 만날 때마다 0이라 쓰고 수평선과 만날 때마다 1이라 쓴다. 이때 얻어지는 무한 암호는 0100101…이고, 이것이 바로 피보나치의 무한 암호다!

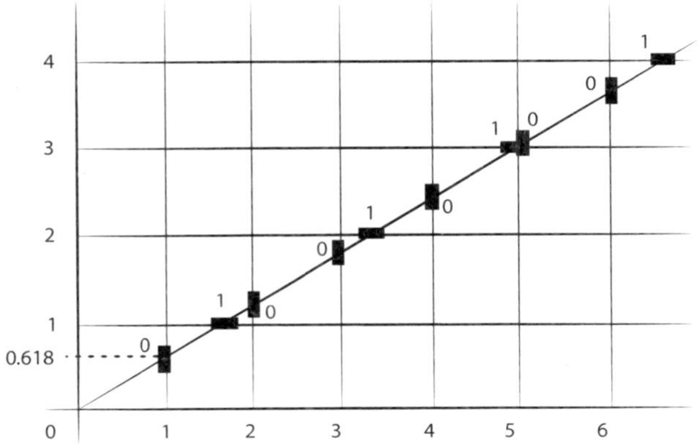

피보나치의 무한 암호 만들기

피보나치 암호 수열의 놀랍고도 경이로운 속성 몇 가지를 더 소개한다. 이것들은 이 수열을 정의하고자 하는 의도와 관심이 계속되었음을 뜻한다.

암호 수열의 마지막 두 문자는 교대로 01, 10이다. 이 두 문자를 제거하면 남는 것은 회문구조palindrome다. 이것은 'radar'라는 단어처럼 중앙을 기준으로 대칭되는 어구다. 예를 들어, 암호 M_8은 마지막 두 문자를 없애면 01001010010010100 10이고 이것은 앞에서부터 읽으나 뒤에서부터 읽으나 같다. 피보나치 암호와 피보나치 무한 암호는 그 안에 결코 11이나 000을 포함하지 않는다.

기적이라고 해야 할까? 연속된 두 개의 피보나치 암호를 앞에서부터 또는 뒤에서부터 결합하면 거의 똑같은 것이 나온다. 더 정확히 말해 M_nM_{n-1}과 $M_{n-1}M_n$은 마지막 두 문자가 거꾸로인 점을 제외하면 똑같다.

$$M_5M_6 = 0100101001010 \quad M_6M_5 = 0100101001001$$

피보나치의 유한 암호 또는 무한 암호에서는 연속되는 3회 반복이 발견된다. 예를 들어, M_8 = 0100<u>101001001</u>01001010에서 010이라는 하위 암호는 연속으로 세 번 나타난다. 반면 어떤 하위 암호도 네 번 반복되는 것은 찾을 수 없을 것이다.

피보나치 무한 암호를 통해서 이진법으로 표기된 실수 0.010010100⋯은 π와 e처럼 초월수다. 초월수란 어떤 정수 계수 다항 방정식의 근도 아닌 수를 말한다(7장 참고).

뜻밖의 속성이 또 있다. 피보나치 무한 암호 안에 있는 길이 n의 하위 암호 개수는 정확히 $n + 1$이다. 예를 들어, 찾을 수 있는 길이 4인 암호는 0010, 0100, 0101, 1001, 1010뿐이다.

2012년 얀 뷔조와 보리스 아담체프스키Boris Adamczewski의 난해하고도 심오한 연구 덕분에 그 비율이 다음과 같이 정의된 실수는 유리수이든가 초월수라는 점이 알려졌다.

$$\frac{(\text{이진법으로 표기된 길이 n인 하위 암호의 개수})}{n}$$

이 정리는 바로 앞에서 설명한 속성과 더불어, 이진법으로 표기하면 피보나치 무한 암호의 숫자가 되는 실수는 초월수임을 다시금 증명해준다.

피보나치의 프랙털

마지막으로 피보나치수열에서 비롯되어 창조적 조화를 (심미적이면서 충격적으로) 표현한 것 한 가지를 살펴보자.

피보나치의 유한 암호를 이용해 곡선을 그리는 것은 무척 흥미로운 일이다. 다음 방법을 따라가면 재미있는 결과가 나온다.

이제 M_n이라는 암호를 골라 그것의 문자인 F_n을 따라가며 길이가 1인 분절을 그려볼 것이다. 우선, 원점에서 출발해 방향을 '위로' 잡는다. 다음으로 M_n의 k번째 문자를 보면 가던 방향을 따라 분절을 하나 그린다. 그런 다음 k번째 문자를 읽어 1이면 같은 방향을 유지한다. 하지만 k번째 문자를 읽어 0일 때 k가 짝수이면 왼쪽으로, 홀수이면 오른쪽으로 꺾는다.

이 방법(122쪽 그림 참고)으로 그린 곡선들은 결코 서로 교차하지 않는다.

서로 다른 암호를 통해 얻은 곡선들은 사용된 암호의 지수가 3의 배수인가, 3의 배수 더하기 1인가 또는 3의 배수 더하기 2인가에 따라 세 가지 종류로 나뉜다. 3의 배수에 상응하는 모든 곡선을 골라 그것들을 회전시켜 같은 크기가 되도록 하면 그림은 마치 톱니바퀴처럼 절단된 하나의 형태로 수렴한다. 이런 제한적 형태에 관한 수학적 연구는 2008년 프랑스의 알렉시 몬로뒤멘Alexis Monnerot-Dumaine에 의해 이루어졌다. 이것이 바로 '프랙털 형태'다!

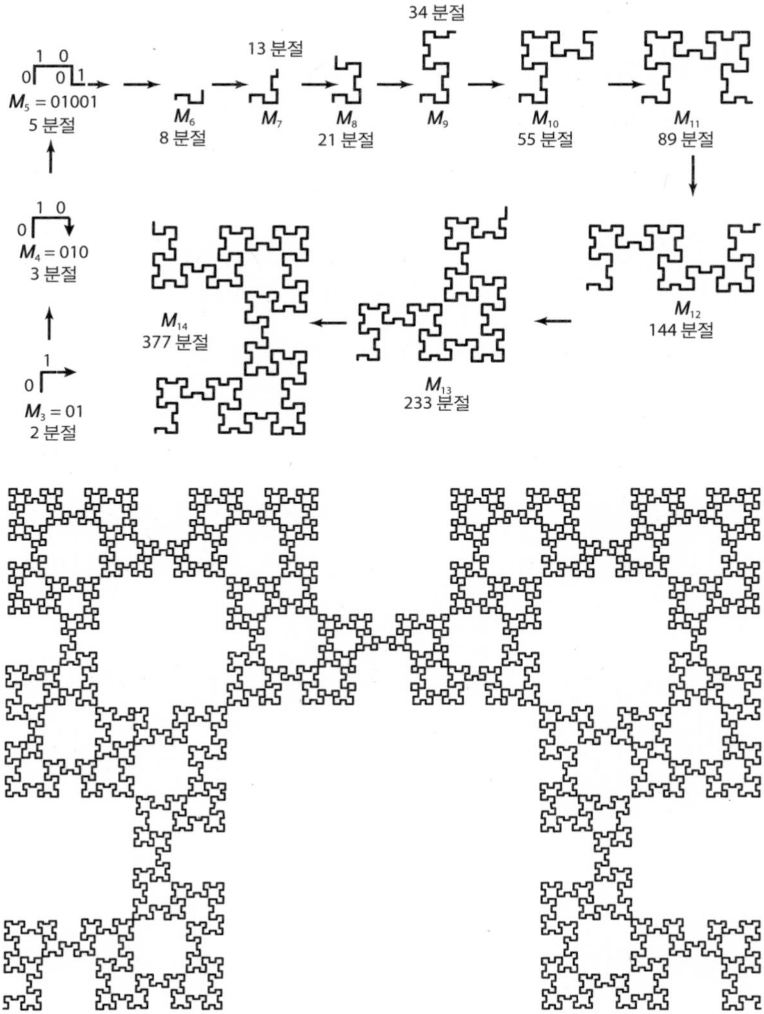
1 0
0 0 1
$M_5 = 01001$
5 분절
M_6
8 분절
13 분절
M_7
M_8
21 분절
34 분절
M_9
M_{10}
55 분절
M_{11}
89 분절
1 0
0
$M_4 = 010$
3 분절
M_{14}
377 분절
M_{13}
233 분절
M_{12}
144 분절
1
0
$M_3 = 01$
2 분절

피보나치 프랙털

프랙털 형태의 구조는 다양한 차원에서 발견된다. 예를 들면, 점진적으로 확대되는 여러 수준의 줌zoom 기능(이런 속성을 '자기 유사성'이라고 한다)을 선택해서 존재한다. 이것은 흔히 무한하게 분할되거나 조각난 수학적 대상이다.

최초의 프랙털 형태는 19세기에 소개되었으나 물리적 세계의 구조를 모형화할 때 이것의 중요성을 이해한 것은 20세기 들어서다. 특히 브누아 망델브로Benoît Mandelbrot의 연구 덕분이다. 예를 들면, 인간 폐의 모양을 수학적으로 구조화하고자 할 경우, 영국의 해안처럼 매우 불규칙한 형태의 해안을 설명하고자 할 경우, 또는 미시적 입자의 운동을 연구할 경우 프랙털 형태를 발견할 수 있다.

수학적으로 말해, 프랙털의 특징은 정수가 아닌 프랙털 차원(또는 하우스도르프Hausdorff 차원)에 있다. 그에 비해 매끈한 곡선(원, 직선, 포물선 등)은 1차원이고, 가득 찬 면의 일부(원반, 꽉 찬 정사각형)는 2차원이다.

피보나치 암호와 관련된 도형의 프랙털 차원은 다음과 같다.

$$3\log\varphi \;/\; \log(1+\sqrt{2}) = 1.6379\cdots$$

프랙털의 경계도 매우 분절돼 있다. 이것은 또 다른 프랙털 도형을 정의하는데, 이 형태의 차원은 앞서 나온 차원보다 작다.

$$\log 3 \;/\; \log(1+\sqrt{2}) = 1.2465\cdots$$

또 다른 과정을 거쳐 만들어도 이렇게 같은 프랙털 형태가 나온다. 피보나치 프랙털은 잘 알려진 시에르핀스키 카펫처럼 여러 번 이어서 도려내도 얻을 수 있다. 가로, 세로의 길이가 각각 1, $\sqrt{2}$인 안이 전부 채워진 직사각형에서 출발해, 직사각형의 아래쪽 중앙에서 한 변이 $1/\sqrt{2}$인 정사각형을 제거한다. 그런 다음 이 작업을 다시 하면서 단계별로 정사각형들을 제거하는데, 정사각형 한 변의 길이는 단계가 바뀔 때마다 $1 + \sqrt{2}$로 나뉜다.

현기증 나는 프랙털

가장 단순한 프랙털 형태 중 하나는 1916년 폴란드의 수학자 바츠와프 시에르핀스키Wacław Sierpiński가 제시한 시에르핀스키 카펫이다.

이것을 만들 때는 안이 꽉 찬 정사각형에서 출발하는데, 이것을 같은 크기의 더 작은 정사각형 아홉 개로 나눈다. 다음으로 중앙의 정사각형을 제거한다. 나머지 여덟 개의 정사각형도 차례대로 각각 더 작은 정사각형 아홉 개로 분할하고 매번 중앙의 정사각형을 제거한다. 이 과정을 무한정 계속하면 무한히 뚫린 형태를 얻는다.

이 형태는 진실로 면(2차원)도 아니고 선(1차원)도 아니고 1.8928··· 차원의 기하학적 대상이다.

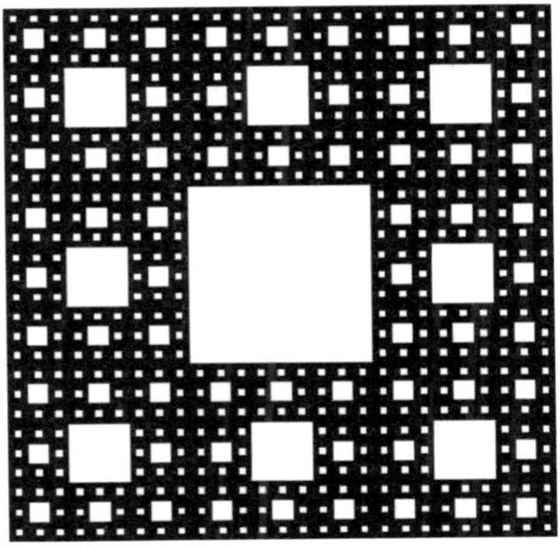

시에르핀스키 카펫

놀랍게도 롭 노트Rob Knot는 이 피보나치 프랙털에 도달하는 훨씬 단순한 방법을 발견했다. 우선, 피보나치 암호 하나의 숫자들을 따라가면서 프랙털을 처음 만들 때처럼 1 길이의 분절체를 그린다. 그리고 이번에는 새로운 문자가 나올 때마다 오른쪽이나 왼쪽으로 꺾는데, 읽힌 숫자가 1일 때 방향을 바꾸어 돈다.

피보나치 토끼 쌍의 특별한 모험은 여기까지다!

6장

벤포드의 법칙

일상 속의 수는 때로 상식과 어긋나 보이는 규칙성을 나타낸다. 벤포드의 법칙은 수열이 가진 뜻밖의 속성 중 하나다. 처음에 이 법칙은 모순적인 것처럼 보였다. 그러나 이 법칙이 참인 경우와 그렇지 않은 경우를 명확히 구별한 후, 수열을 점점 더 잘 설명하고 심지어 수학적으로 정당화하기에 이르렀다.

우연히 집어 든 신문

피타고라스는 우주 어디에서나 수를 찾아내고 연구했다. 일상에 존재하는 실제 세계의 수는 벤포드의 법칙Benford's law을 포함한 여러 법칙을 따르며, 우리는 이 법칙들을 점점 더 잘 이해하고 있다. 아마도 피타고라스는 이 법칙들을 모두 알지는 못했으며 놀랍고도 까다로운 설명 하나를 처음으로 발견한 인물일 것이다. 이 장의 주제가 바로 '벤포드의 법칙'이다. 여러분은 이 법칙이 예상을 뛰어넘으며 아주 엉뚱하다는 것을 발견할 것이다. 이 법칙을 알아보기 위해 손쉽게 신문을 살펴보자.

2020년 8월 6일 정오, 일간지 「르몽드Le Monde」의 웹사이트를 살펴보던 나는 거기에 언급된 첫 30개 숫자를 나온 순서대로 기록했다. 단언컨대 나는 내 증명을 더 잘 뒷받침할 수 있는 규칙적이고 깔끔한 결론을 만들기 위해 다른 곳에서 또는 다른 날 어떠한 시도도 하지 않았음을 밝혀둔다.

내가 읽은 수는 이렇다.

137, **5**000, **1**5, **1**50, **6**, **1**9, **4**, **5**, **3**.3, **7**6, **1**9, **5**5, **1**0, **6**0,
5, **5**.99, **3**, **6**, **1**913, **6**, **4**, **7**, **1**, **4**, **7**, **2**750, **2**, **5**, **8**, **3**

이 각각의 수의 처음 수만 생각하면 **1**이 여덟 번, **2**가 두 번, **3**이 세 번, **4**가 세 번, **5**가 여섯 번, **6**이 네 번, **7**이 세 번, **8**이 한 번 나오고 **9**는 전혀 나오지 않은 것을 알 수 있다. 물론 이 위치에 **0**은 나올 수 없다. 그러므로 이 위치에 가장 빈번하게 나온 수는 1이다. 가장 낮은 빈도의 두 수는 8과 9이다. 처음 세 수인 1, 2, 3은 총 열세 번 나온 반면 마지막 세 수인 7, 8, 9는 총 네 번 나왔을 뿐이다.

통계상의 변동 때문에 이렇게 짧은 수열에 대한 일반적 규칙을 끌어내지는 못하지만, 신문에 언급된 수에서 가장 왼쪽에 있는 숫자에 주목하면 그 사용 빈도는 1에서 9를 향하는 동안 감소한다는 인상을 받는다.

이런 감소 현상은 그저 짐작일 뿐이지만 벤포드의 법칙의 연구 대상이다. 이것은 신문을 읽으면서 수를 볼 때와 같은 보통 상황에서 처음 수로 **1**을 만날 확률은 다른 수를 만날 확률보다 높으며 나머지 수들을 만날 확률은 점점 감소할 것이라는 뜻이다.

숫자 i를 만날 확률을 $p(\boldsymbol{i})$라고 하면 법칙은 정확한 확률을 제공한다.

$$p(\text{'}\mathbf{1}\text{'}) = 30.1\% \quad p(\text{'}\mathbf{2}\text{'}) = 17.6\% \quad p(\text{'}\mathbf{3}\text{'}) = 12.5\%$$

$$p(\text{'}\mathbf{4}\text{'}) = 9.7\% \quad p(\text{'}\mathbf{5}\text{'}) = 7.9\% \quad p(\text{'}\mathbf{6}\text{'}) = 6.7\%$$

$$p(\text{'}\mathbf{7}\text{'}) = 5.8\% \quad p(\text{'}\mathbf{8}\text{'}) = 5.1\% \quad p(\text{'}\mathbf{9}\text{'}) = 4.6\%$$

여러분이 신문에서 30개가 아니라 더 많은 수를 적어본다면 **1**로 시작하는 수는 약 30%, **9**로 시작하는 수는 5% 미만일 것이다. 정말 놀랍다!

뉴컴과 벤포드

이 법칙은 오늘날 벤포드의 법칙이라는 이름으로 널리 알려져 있으나, 1881년 천문학자 사이먼 뉴컴Simon Newcomb을 통해 처음 발견되었다. 그는 로그표가 적힌 종이에서 **9**로 시작하는 수가 적힌 페이지보다 **1**로 시작하는 수가 적힌 페이지가 더 심하게 닳아 있음을 목격했다. 그가 이 주제에 대해 수학 잡지 『미국 수학 저널American Journal of Mathematics』에 실은 논문은 주목받지 못했다.

57년 후 미국의 물리학자 프랭크 벤포드Frank Benford는 페이지의 마모도가 균등하지 않음에 주목하고 그 현상을 연구하면서 자신이 이 법칙을 만든 최초의 인물이라고 생각했다. 따라서 오늘날 이 법칙에는 부당하게도 그의 이름이 붙어 있다.

뉴컴과 벤포드의 논문은 경험을 통한 확인에 그치지 않는다. 그들은 각 수가 나올 확률을 가리키기 위해 똑같은 수학 공식을 내놓는다.

그들에 따르면 어떤 수의 첫 번째 유효 숫자로서 $\boldsymbol{c}$를 만날 확률은 다음과 같다.

$$\log_{10}(1 + 1/\boldsymbol{c})$$

이때 사용된 로그는 상용로그다.

이처럼 이 법칙은 세계의 숨겨진 조화와 일치하는 듯 보이고, 이 세계가 만들어내는 수 안에서 피타고라스가 찾아낸 것과 비슷한 조화를 표현한다.

훌륭한 확률 법칙

a와 b는 양수임을 기억하자.

$$\log_{10}(10) = 1, \quad \log_{10}(1) = 0$$

$$\log_{10}(ab) = \log_{10}(a) + \log_{10}(b)$$

$$\log_{10}(a/b) = \log_{10}(a) - \log_{10}(b)$$

이렇게 숫자 $\boldsymbol{c}$를 만날 확률로서 제시된 값 $\log_{10}(1 + 1/\boldsymbol{c})$는 매우 적절하다. 왜냐하면 법칙을 통해 주어진 아홉 개 확률의 합이 정확히 1이기 때문이다.

$$\begin{aligned}
&\log_{10}(1 + 1/1) + \log_{10}(1 + 1/2) + \cdots + \log_{10}(1 + 1/9) \\
&= \log_{10}(2) + \log_{10}(3/2) + \cdots + \log_{10}(10/9) \\
&= \log_{10}((2 \times (3/2) \times (4/3) \times \cdots \times (10/9)) \\
&= \log_{10}(10) = 1
\end{aligned}$$

벤포드의 표

벤포드가 1938년 발표한 수 관찰표는 지리, 수학, 스포츠 결과 등에 관한 다양한 통계에 잡힌 수들에서 첫 번째 숫자의 빈도를 가리킨다. 이 통계에 나타난 수의 첫 유효 숫자는 1과 2가 더 잦은 빈도로 나타나는데, 이것들은 3이나 다른 수보다 더 자주 등장한다.

첫 번째 수	1	2	3	4	5	6	7	8	9	표본
강	31.0	16.4	10.7	11.3	7.2	8.6	5.5	4.2	5.1	335
인구	33.9	20.4	14.2	8.1	7.2	6.2	4.1	3.7	2.2	3259
상수	41.3	14.4	4.8	8.6	10.6	5.8	1.0	2.9	10.6	104
신문	30.0	16.4	12.0	10.0	8.0	6.0	6.0	5.0	5.0	100
비열	31.0	18.4	16.2	14.6	10.6	4.1	3.2	4.8	4.1	1389
압력	31.0	18.3	12.8	9.8	8.3	6.4	5.7	4.4	4.7	703
손실된 동력	30.0	18.4	11.9	10.8	8.1	7.0	5.1	5.1	3.6	690
분자량	26.7	25.2	15.4	10.8	6.7	5.1	4.1	2.8	3.2	1800
배수 장치	27.1	23.9	13.8	12.6	8.2	5.0	5.0	2.5	1.9	159
원자량	47.2	18.7	5.5	4.4	6.6	4.4	3.3	4.4	5.5	91
$n-1, \sqrt{n}$	25.7	20.3	9.7	6.8	6.6	6.8	7.2	8.0	8.9	5000
건설	36.8	14.8	14.3	7.5	8.3	8.4	7.0	7.3	5.6	560
『리더스다이제스트』	33.4	18.5	12.4	7.5	7.1	6.5	5.5	4.9	4.2	308
비용	32.4	18.8	10.1	10.1	9.8	5.5	4.7	5.5	3.1	741
X선 전압	27.9	17.5	14.4	9.0	8.1	7.4	5.1	5.8	4.8	707
야구	32.7	17.6	12.6	9.8	7.4	6.4	4.9	5.6	3.0	1458
방사	31.0	17.3	14.1	8.7	6.6	7.0	5.2	4.7	5.4	1165
항목	28.9	19.2	12.6	8.8	8.5	6.4	5.6	5.0	5.0	342
$n^1, n^2, \cdots, n!$	25.3	16.0	12.0	10.0	8.5	8.8	6.8	7.1	5.5	342
사망률	27.0	18.6	15.7	9.4	6.7	6.5	7.2	4.8	4.1	418
평균	**30.6**	**18.5**	**12.4**	**9.4**	**8.0**	**6.4**	**5.1**	**4.9**	**4.7**	1011
예상값	**30.1**	**17.6**	**12.5**	**9.69**	**7.92**	**6.70**	**5.80**	**5.11**	**4.58**	

1938년 벤포드의 논문에 나온 수

표 전체에 걸쳐 확인된 비율은 공식 $p(\boldsymbol{c}) = \log_{10}(1 + 1/\boldsymbol{c})$를 통해 얻은 값들과 상당히 일치한다.

이후 수많은 다른 통계 시리즈도 시험 대상이 된다. 이 현상은 빈번하게 나타난다. 곧 살펴보겠지만, 그래도 몇 가지 예외는 있다.

법칙의 일반화

이 법칙이 어떤 의미에서 정말로 과학적 법칙인지, 그리고 이 법칙에 어떤 설명을 붙일 수 있는지 검증하기 전에, 이것이 두 가지 흥미로운 방식으로 일반화된다는 점에 주목하자.

첫 번째로, 이 법칙은 우리의 기수법과 관계가 없다. 10진법을 $b(b \geq 2)$진법으로 바꾸더라도 이것은 유효하다. 다시 말해, b진법으로 쓰인 어떤 수의 첫 유효 숫자로 $\boldsymbol{c}$를 만날 확률은 이렇다.

$$\log_b(1 + 1/\boldsymbol{c})$$

여기서 로그는 양수 x에서 $\log_b(x) = \log(x)/\log(b)$처럼 b를 밑으로 하는 로그다.

두 번째 일반화는 실수의 가수假數와 관련 있다. 이를테면 $1 \leq r \times 10^n < 10$에 대하여 $r \times 10^n$ 형태(n은 양의 정수 또는 음의 정수)로 나타낼 수 있는 유일한 수를 '어떤 실수의 가수 r'이라고 한다. 0.25의 가

수는 2.5이다. 1024의 가수는 1.024이다. 5000000의 가수는 5이다. 가수의 법칙은 어떤 실수의 가수가 구간 $[a, b]$에 위치할 확률이 다음과 같음을 뜻한다.

$$(\log_{10}(b) - \log_{10}(a))$$

이 두 번째 일반화도 물론 모든 진법에 적용할 수 있으며 $a = c$ 그리고 $b = c + 1$을 취함으로써 벤포드의 법칙의 처음 공식을 다시 얻게 해준다.

$$\log_{10}(c + 1) - \log_{10}(c) = \log_{10}((c + 1)/c) = \log_{10}(1 + 1/c)$$

이 일반화에 따른 결론은 놀랍다. 일련의 수가 가수에 관한 벤포드의 법칙을 만족시킬 때 x(예를 들어, 5)와 동일한 두 번째 숫자를 발견할 확률은 첫 번째 숫자에 달려 있다.

예를 들어, 첫 번째 숫자가 **1**일 때 두 번째 유효 숫자가 **5**일 확률은 다음과 같다.

$$(\log(1.6) - \log(1.5))/(\log(2) - \log(1)) = 9.31\%$$

반면 첫 번째 숫자가 **8**일 때 두 번째 유효 숫자가 **5**일 확률은 다음과 같다.

$$(\log(8.6) - \log(8.5))/(\log(9) - \log(8)) = 9.93\%$$

그리고 이 일반화 덕분에 앞쪽 자리에서 멀어지는 숫자들의 경우 무슨 일이 생기는지도 연구할 수 있다. 이 경우에는 답이 상식에 부합한다. 즉, 일련의 수가 벤포드의 법칙을 만족하고 어떤 숫자가 첫 번째 숫자 뒤에 더 멀리 위치할수록 이 수가 **0**, **1**, **2**, …, 또는 **9**일 확률(이번에는 '**0**'도 가능하다)은 1/10에 가까워진다. 다시 말해, 이 숫자 또는 저 숫자가 있을 확률이 모두 같아져 다시 일률적으로 우연의 지배를 받는다.

두 번째 숫자의 확률은 각각 다음과 같다.

$$q(\text{‘}\mathbf{0}\text{’}) = 11.96\% \quad q(\text{‘}\mathbf{1}\text{’}) = 11.39\% \quad q(\text{‘}\mathbf{2}\text{’}) = 10.88\%$$

$$q(\text{‘}\mathbf{3}\text{’}) = 10.43\% \quad q(\text{‘}\mathbf{4}\text{’}) = 10.03\% \quad q(\text{‘}\mathbf{5}\text{’}) = 9.67\%$$

$$q(\text{‘}\mathbf{6}\text{’}) = 9.34\% \quad q(\text{‘}\mathbf{7}\text{’}) = 9.03\% \quad q(\text{‘}\mathbf{8}\text{’}) = 8.76\%$$

$$q(\text{‘}\mathbf{9}\text{’}) = 8.50\%$$

네 번째 숫자의 경우에는 확률이 모두 9.98~10.02% 사이에 존재한다.

이 법칙은 언제나 유효한가?

이렇게 '법칙'이라고 하는 것에 직면하면 틀림없이 이런 의문이 든다. '그것은 언제나 참으로 입증되는가? 어떤 의미에서 법칙이라

할 수 있는가?' '그것은 어디에서 비롯되었고, 그것의 깊은 뜻은 무엇인가?'

첫 번째 질문에 대한 답은 "아니요"이다. 이 법칙은 일관되게 입증되지 않으며, 이것을 믿는 것은 중대한 실수일 것이다.

이제 이 법칙이 전혀 충족되지 않는 몇 가지 확실한 사례를 살펴보자.

전화번호부에서 조회되는 전화번호는 이 법칙을 증명해주지 못한다. 왜냐하면 통신 기관이 특수하고 체계적인 기준에 따라 번호를 배열하기 때문이다(게다가 전화번호는 **0**으로 시작할 수 있다). 마찬가지로 자동차 번호판의 등록번호는 때로 어떤 질서에 따라 배열되므로 법칙을 증명해주지 못한다. 미터 단위로 측정되는 성인 인간의 키는 98% 이상 **1**로 시작된다. 따라서 벤포드의 법칙은 키에 관한 통계 자료의 경우 충족되지 못한다. 또 다른 예로 새로운 자동차의 특수 모델의 판매가는 한 양수인에서 또 다른 양수인으로 넘어갈 때 거의 바뀌지 않으므로 법칙을 증명해주지 못한다. 더 일반적으로 말하면, 통계 자료가 좁은 구간에 있어야 할 때마다 벤포드의 법칙은 충족되지 못한다.

이미 살펴보았듯, 벤포드는 자신의 아이디어를 시험하기 위해 다양한 원천의 자료를 포함한 2만 229개의 관찰 사례를 수집했다. 이후 그는 이것을 수도 없이 재확인했다. 최근 연구는 좀 더 큰 수를 수집하고 좀 더 정제된 통계 검토에 근거하는데, 그것들은 벤포드의 이런 열정을 누그러뜨린다.

에식스 대학교의 스콧P. Scott과 파슬리M. Fasli는 거의 50만 개의 데이터를 포함하는 230개의 통계 시리즈를 검토했다. 그들은 한 숫자에서 다음 숫자로 이어질 때 확률의 감소 현상은 거의 일반적이지만, 29개 시리즈에서만 벤포드의 법칙이 밀접한 관련성을 보였다고 말했다. 이러한 감소 현상이 로그 법칙에 정확히 맞지 않을 때도 많다. 그러므로 로그 법칙은 실제로 관찰된 것의 근사치, 아주 대강의 근사치로 봐야 한다.

첫 번째 유효 숫자의 출현 확률을 실제로 정하는 법칙은 실제 세계에서 뉴컴과 벤포드가 설명했던 로그를 통해 정해진 순수 법칙의 여러 형태다.

금융 데이터의 숫자는 특징적이다. 이 분야의 숫자는 흔히 벤포드의 법칙을 잘 따르는 것처럼 나타난다. 그런데 더 가까이 들여다보면 이것들은 벤포드의 법칙으로부터 철저히 벗어나고 있다.

비록 검증이 완전하지 못하고 검증된 데이터를 늘려도 반드시 완벽하게 확인할 수 없다고 해도 벤포드의 법칙은 많은 실수 수열의 경우 대략 적합하다는 점, 그리고 우리의 직관에 따라 0이 아닌 각 숫자에 1/9의 확률을 배분하는 것보다 낫다는 점은 변함이 없다. 그러니 유효하다고 하지 못할 이유가 있을까?

수열

우선 순수하게 수학적인 수열을 고려해보자. 최근 연구를 포함한 연구 결과 전체가 이 수열의 법칙과 예외를 설명해준다.

1968년 러시아의 수학자 블라디미르 아르놀트Vladimir Arnold는 프랑스의 앙드레 아베André Avez와 함께 수열 (2^n)이 정확히 벤포드의 법칙을 무한히 만족시킨다는 것을 증명했다. 정확히 알아보자. 고려되는 수열의 첫 번째 숫자가 1일 때 n까지 항들의 비율은 n이 무한히 커질 때 $\log_{10}(2)$로 수렴하는데, 이것은 벤포드의 법칙에 부합한다. 그리고 이것은 1이 아닌 다른 숫자 c의 경우도 마찬가지이며, 이 경우 극한값은 예상되듯 $\log_{10}(1 + 1/c)$이다.

이후 다양한 일반화가 도출되었다. 우선, $\log_{10}(r)$이 유리수(즉, 두 정수의 비)가 아니고 r이 양의 실수일 때 수열 (r^n)은 벤포드의 법칙을 무한히 만족시킨다는 점이 확인되었다.

그러므로 수열 (3^n), (4^n), (5^n)은 벤포드의 법칙을 만족시키는 반면 (10^n)과 $(10)^{n/2}$는 만족시키지 못하는데, 이것은 즉시 확인된다.

2005년 프랑스 뇌샤텔 수학연구소의 폴 졸리생Paul Jolissaint은 다음과 같이, 순환 관계로 정의된 수열에 관한 아주 보편적인 결과를 증명했다.

$$f(n) = a_1 f(n-1) + a_2 f(n-2) + \cdots + a_p f(n-p)$$

특히 이 결과는 피보나치수열(5장 참고)이 벤포드의 법칙을 무한히 만족시킴을 알려준다.

이 결과는 이 수열의 항 둘 중 하나만 채택해서 얻은 수열에도, 항의 번호가 완전제곱수인 항만 채택해서 얻은 수열에도 적용된다. 더 일반적으로 말하자면, 이 결과는 다양한 양의 값만 가지는 정수 계수 (고정) 다항식을 통해 항 번호가 주어지는 항들만 채택하는 모든 부분 수열에 적용된다. 이 멋진 정리의 증명이 위대한 수학자 헤르만 바일Hermann Weyl의 1916년 연구 결과에 근거한다는 점은 주목할 만하다.

최근 또 다른 증명을 통해 수열 $n! = n(n-1)\cdots 3 \times 2 \times 1$과 n^n도 벤포드의 법칙을 무한히 만족시킨다는 점이 밝혀지고 있다. 또 (x_n)이 벤포드의 법칙을 만족시키면 c가 어떤 양의 상수이든지 (cx_n)도 이것을 만족시키며, p가 0이 아닌 어떤 정수일 때 $(x_n{}^p)$도 이 법칙을 만족시킨다.

반면, $b > 0$일 때 $(b \times n)$, $b > 0$일 때 (n^b), $(\log_b(n))$, (p_n)(n번째 소수) 중 어떤 수열도 벤포드의 법칙을 만족시키지 못하는데, 이는 그저 숫자에 관련된 빈도수가 수렴하지 않기 때문이다.

수학자 사이먼 플러프Simon Plouffe가 수년 전부터 수집 중인 수학의 상수 표는 현재 10억 개 이상의 수를 포함하고 있다. 이 표가 흥미로운 이유는 이것이 벤포드의 법칙을 상당히 만족시키기 때문이다. 게다가 사이먼 플러프는 이 표에 끼어들 수 있는 오류를 찾아내기 위해 이 법칙을 사용한다.

수학이라는 완벽한 세계에서 얻은 결과들은 뉴컴과 벤포드가 실제 세계의 수열에서 봤던 것을 증명해주지 못한다. 이런 이유로 수많은 연구를 통해 기이한 현상을 합리적으로 설명하려고 하는 것이다. 대표적인 다섯 가지 설명을 살펴보자.

빈도의 수렴

전화번호부에 적힌 주소에서 발견되는 길 번호는 벤포드의 법칙을 잘 입증해준다. 이때 단순히 이렇게 생각할 수 있다. 길 하나에 번호가 50개 있다면 이 번호의 1/5 이상은 **1**로 시작(10, 11, 12, …, 19처럼 연속된 번호 때문)한다. 만일 번호가 20개 또는 200개 있다면 번호의 절반 이상은 **1**로 시작한다. 그러므로 길이를 모르는 길 또는 고려할 길이 많을 때 **9**로 시작하는 번호보다 **1**로 시작하는 번호(더 일반적으로는 숫자 $c + 1$로 시작하는 번호보다 c로 시작하는 번호)가 평균적으로 더 자주 발견되는 것은 당연하다.

1과 n 사이 정수 중에서 나타나는 숫자들을 살펴보며 이 현상에 대해 곰곰이 생각해보자. 1과 n 사이 정수 중에서 **1**로 시작하는 정수의 빈도를 $fr_1(n)$, **2**로 시작하는 정수의 빈도를 $fr_2(n)$, **3**으로 시작하는 정수의 빈도를 $fr_3(n)$, …이라고 하자.

« 이 법칙의 경험적 명제는 확률에 관한 다른 어떤 법칙만큼 단순해 보일지라도 이 현상에 대한 설명을 찾아내기는 무척 어렵다. »

조나탕 아르테르Jonathan Harter(프랑스의 수학자), 2013

매우 큰 정수 n의 경우 어떤 일이 벌어질까? $fr_1(n)$에 대한 연구는 불행히도 수렴이 없음을 보여준다. 즉, $fr_1(n)$은 1/9에서 5/9 사이에서 무한정 변동한다. 변동 속도는 점점 느려지나 변동 폭은 여전히 4/9이다. 수열 $fr_9(n)$은 1/81에서 1/9 사이에서 변동한다. 어떻게 이것을 해결할 수 있을까?

이 변동을 완화하기 위해 k가 1에서 n까지 중 하나일 때 $fr_1(k)$ 값들의 평균을 낸다. 이것을 수열 $fr_1(n)$의 체사로Césaro 평균이라고 한다. 이때 항상 수렴하는 것은 아니지만 훨씬 좁은 구간에서 변동하는 새로운 수열이 얻어진다.

이 평균 작업을 반복하면 점점 더 좁은 구간에서 변동하는 수열을 얻을 수 있다. 1966년 플레힝거B. Flehinger는 이 평균에 평균을 계속 계산해서 얻는 구간은 무한히 한 점으로 귀결됨을 증명했다. 이 점은 바로 첫 번째 자리에서 숫자 **1**을 볼 확률로 기대되는 $\log_{10}(2)$이다.

다른 숫자들에서도 확인된 것은 비슷하다. 따라서 체사로의 반복된 평균을 통해 볼 때, 모든 정수의 집합에서 c로 시작하는 수의 빈도는 $\log_{10}(1 + 1/c)$라고 할 수 있다.

체사로 평균과 비슷한 다른 수학적 방법들을 이용해 **1**이나 **2**, …, 또는 **9**로 시작하는 정수 전체에 '크기'를 부여할 수 있다. 이미 알려져 있고 합리적 속성(예를 들어, 짝수 전체의 크기는 1/2)을 가진 이 모든 방법은 결국 같은 결과를 내며 숫자 c로 시작하는 정수 전체에 $\log_{10}(1 + 1/c)$라는 크기를 부여하는데, 이것은 벤포드의 법칙에 부합한다. 이 결과들은 자연수의 수열 1, 2, 3, …, n이 벤포드의 법칙의 '약한' 형태를 입증한다는 증거로 해석될 수 있다. 이것은 길 번호가 벤포드의 법칙을 만족시킴을 알려준다.

재미있는 것은 크기를 사용할 때 모든 소수의 밀도에 대한 c로 시작하는 소수의 상대적 밀도의 비가 정확히 $\log_{10}(1 + 1/c)$임이 확인된다는 점이다. 따라서 빈도 면에서 벤포드의 법칙을 따르지 않는(빈도의 수렴이 없으므로) 소수는 크기 면에서 이 법칙을 증명해준다.

이 결과들이 아무리 경이롭다고 해도 벤포드의 법칙에 부합하는 통계 자료에서 만나는 모든 구체적 사례를 설명하기에는 부족하다. 또 다른 설명을 찾아야 한다.

곱셈과 기수법의 변화

오래전부터 통계학자들을 놀라게 한 한 가지 사실은 강의 길이를 킬로미터, 마일 또는 다른 어떤 단위로 측정해도 강의 길이는 벤포드의 법칙을 만족시킨다는 점이다. 이렇게 데이터에 어떤 상수를 곱해 증가시켜도 불변하는 성질이 연구되었다. 1961년 로저 핑컴Roger Pinkham은 증가시켜도 불변하는 가수에 관한 유일한 법칙이 일반적인 벤포드의 법칙과 일치함을 증명했다.

분명히 이것은, 가수에 관한 법칙이 존재하고 예상대로 이 법칙이 자료 수집을 위해 사용된 측정 단위와 상관없다면 이 법칙은 벤포드의 법칙일 수밖에 없음을 뜻한다. 기수법의 변화에 관한 비슷한 결과가 1995년 시어도어 힐Theodore Hill에 의해 증명되었다.

두 가지 결과는 앞서 언급한 크기에 관한 결과와 더불어, 첫 번째 유효 숫자에 관해 어떤 법칙이 고려되어야 한다면 그것은 벤포드의 법칙일 수밖에 없으며 단순한 상식에서 나오는 공평한 1/9이라는 법칙은 아님을 한목소리로 보여준다.

벤포드의 법칙이 가수와 첫 번째 유효 숫자에서 유일하게 가능한 법칙이라 해도 그로 인해 이 법칙이 실제 데이터에서 마주칠 법칙임을 증명하는 것은 아니다. 세 번째 설명은 이 목적에 좀 더 가깝다.

괜찮은 혼합물

1996년 시어도어 힐은 이런저런 법칙의 '괜찮은 혼합물'이 비록 개별적으로 벤포드의 법칙을 증명하지는 못해도 전체적으로 벤포드의 법칙을 입증하는 수를 제시한다는 것을 증명했다. 좀 더 구체적으로 살펴보자.

만일 확률의 배분을 (벤포드의 법칙을 반드시 입증하지는 않는 다양한 배분 집합에서) 무작위로 선택하고 이 배분에 따라 수를 고르는 이중 선택 작업을 수없이 반복해 일반적인 선택 과정이 기수법(또는 측정 단위)과 무관해지면 생성된 수열은 벤포드의 법칙을 입증할 것이다.

우리가 신문에서 찾은 수를 자료로 취할 때 이 수들은 서로 명확한 연결 고리가 없는 다양한 법칙(교통사고 피해자 수에 관한 법칙, 경제 데이터에 관한 법칙, 다양한 기간에 관한 법칙)으로부터 나온다. 이 법칙들이 모두 벤포드의 법칙을 입증하지는 않지만, 이 정리는 이때 왜 벤포드의 법칙에 잘 들어맞는 수의 집합을 얻을 수 있는지 설명해주는 듯하다. 그러므로 벤포드의 법칙은 정말 대수롭지 않은 이질적 우연으로부터 나타나는 것이지, 우리 세계에서 작동하는 것이나 우리는 짐작할 수 없는 정확하고 비밀스러운 메커니즘으로부터 나타나는 것이 아니다.

하지만 이 마지막 결과를 통해 혼합 데이터가 벤포드의 법칙을 만족시킨다는 것이 설명된다고 하더라도 확률론적 과정(강들의 길이를 정하는 과정처럼)을 통해 벤포드의 법칙을 입증하는 수 데이터가 만들어짐을 보여주는 결과들로 이것을 보완해야 할 것이다. 그에 따라 벤포드의 법칙에 부합하는 임시 수열을 만드는 가능한 한 기초적인 알고리즘을 고안하고 실제 세계가 조금은 이 알고리즘처럼 작동한다는 것을 증명하려 하고 있다. 그 사례를 살펴보자.

두 정수 a와 b 사이에서 똑같이 무작위로 수 x를 골라 $c^x (c > 0)$을 계산하면, 이때 생성된 수열은 벤포드의 법칙을 입증한다.

같은 종류의 다른 결과들(임의의 수 간 곱셈, 정규 분포의 지수함수 등)은 확률론적 메커니즘을 설명하는데, 이 메커니즘은 벤포드의 법칙을 만족시키거나 적어도 거의 만족시키는 수열을 만든다.

그러나 어느 정도 불만족은 여전히 남는다. 제시된 과정이 벤포드의 법칙을 입증하는 구체적인 수 데이터가 나타난 사례 대부분을 포함하지 못하는 것처럼 보이기 때문이다. 예를 들어, 사이먼 플러프의 수학의 상수 표가 벤포드의 법칙을 따른다는 것에 대한 정확한 설명을 찾아볼 수 없다.

마지막 유형의 설명을 살펴보며 마무리하자. 기본 개념은 이렇다. 예를 들어, 몇십 미터의 정확도를 가지고 킬로미터 단위로 측정된 강의 길이 같은 어떤 실수를 고려할 때 소수점 뒤 첫 번째 숫자가 1이나 2보다 0일 경우가 많을 어떤 이유도 없다. 이것은 이 수들의 로그일 때도 참인데, 이때 이 수들은 몇 가지 크기 단위에 따라 변한다(이것은 몇 개 구간$[n, n+1]$에 걸쳐 로그값이 변하도록 할 것이다). 그런데 이런 내용을 설명할 때 우리는 가수에 관한 벤포드의 법칙, 즉 고전적인 벤포드의 법칙을 다시 상기시키는 법칙과 마주친다. 이 유형의 설명에 관한 세부 사항을 알고 싶은 독자는 2011년에 발표된 니콜라 고브리Nicolas Gauvrit와 나의 논문을 참고하라(190쪽 참고문헌 참고).

뜻밖의 적용

비록 불완전하게 분석되었다고 해도 숫자의 빈도에 관한 이 로그 법칙은 오늘날 몇 가지 분야에 이미 적용되었다. 예외적인 경우를 제외하고 데이터가 이 법칙을 증명한다고 믿는 통계학자들은 이 법칙을 이용해 분식 회계를 찾아내거나 위조가 의심되는 경제 통계 시리즈의 허위를 밝혀낸다. 벤포드의 법칙 테스트는 심지어 현재 미국에서 탈세 추적에 사용되는 도구라고 한다.

이 방법의 유효성은 스위스 취리히 연방 공과대학 안드레아 딕만Andrea Dickmann의 실험심리학 연구를 통해 인정되었다. 엉터리 데이터를 만들어내도록 요구받는 사람들은 벤포드의 법칙을 따르지 않은 채(또는 아주 어설프게 따르면서) 그런 자료를 생산하므로 실제 통계와 구별하기 쉬운 데이터를 내놓는다. 불행히도 이 점을 아는 사람은 별로 힘들이지 않고 첫 번째 유효 숫자에 근거한 테스트를 속여넘길 수 있을 것이다. 그러나 딕만은 두 번째 숫자를 고려하면 기만행위가 아주 명확해져 어떤 인간도 이 통계적 탐지를 피할 수 없음을 보여준다.

2019년 프랑스 툴루즈 대학교의 로랑 폴리도리Laurent Polidori와 리비아 트리폴리 대학교의 므하마드 엘 하지Mhamad El Hage는 벤포드의 법칙의 새로운 적용 분야를 제안했다. 그것은 토양 모델의 품질 평가다. 연구자들은 어떤 모델의 여러 지점에서 고도가 일반적으로 벤포드의 법칙을 따르지 않는데, 그것은 이 변수가 충분히 많은 크기 단위에 따라 변하는 변수가 아니기 때문(그리고 비록 모형의 지점들이 실제와 일치하지 않더라도 고도의 오류는 첫 번째 유효 숫자를 거의 바꾸지 않음)임을 확인했다. 반면 지역의 여러 지점에서 토양 경사는 벤포드의 법칙을 확실히 입증한다. 따라서 이 변수에 관한 수열이 법칙을 따르는지 검토하면 반드시 현장에서 재측정할 필요 없이 토양 모델의 질을 평가할 수 있다.

어떤 이들에게는 벤포드의 법칙이 너무나 중요하다. 그들은 컴퓨터를 고안할 때 이 법칙을 고려할 것을 주장했다. 우리의 컴퓨터는 사실 암묵적으로 0이 아닌 각 숫자가 1/9의 확률로 첫 유효 숫자로서 나타난다는 가정하에 고안된다. 하지만 이 컴퓨터들은 **9**로 시작하는 수보다 **1**로 시작하는 수(더 일반화하면 $c + 1$보다 c로 시작하는 수)를 더 자주 만날 것이다. 컴퓨터의 구조 자체를 조정하면 오늘날 하지 못하는 계산과 메모리를 좀 더 잘 운용할 수 있을 것이다.

거대한 질문

결국 이 결과들은 거대한 질문으로 이어진다. 벤포드의 법칙에 부합하는 많은 수열을 설명하는 주체는 우리 인간인가, 아니면 우리가 사는 특수한 물리적 세계인가, 아니면 더 보편적인 이성인가?

측정 단위나 기수법의 변화를 거쳐도 불변하는 성질에 관한 일반 정리, 수열의 많은 종류와 사이먼 플러프의 상수 표가 이 법칙을 증명한다는 사실, 우리의 설명 리스트 마지막에 나타난 가수에 관한 논증 등 이 모든 것이 우리를 진보시켰다. 궁극적인 설명은 우리가 세계를 관찰하고 그것을 수치로 표현하는 특수한 방식에도 관련이 없고 다른 우주에는 없을, 우리가 사는 물리적 세계의 특성과도 관련이 없다. 궁극의 설명은 여전히 불완전하게 확인되는 일반 원칙들로부터 나온다는 점이 오늘날 거의 확실해 보인다. 이 원칙들은 가능하다면 아마도 수학을 통해서만 완벽하게 표현될 수 있을 것이다.

7장

파이와 초월수

누구나 π를 알고, 초등학교 때부터 사용법을 배운다. 그 유명한 '원적圓積 문제'가 보여주듯, 수학자들은 2,000년 넘게 파이의 성질을 이해하려 애쓰고 있다. 마침내 수학자들은 실수를 여러 범주로 분류했고, π는 가장 흥미롭고 신비로운 범주인 '초월수'에 속한다.

수 분류하기

우리는 피타고라스학파가 '자연수'로도 불리는 1, 2, 3, … 같은 정수를 특히 중시했음을 이미 살펴보았다. 자연수는 다양한 범주로 분류되는데 짝수, 삼각수, 사각수, 소수 등이 있다. 우리는 이 하위 범주에 속한 수의 일부를 2장에서 이미 만났고 공부했다.

그런데 자연수는 수학자들이 사용하며 그 성질을 탐구하는 수 세계의 지극히 작은 일부분일 뿐이다. 그러므로 지금부터 우리는 자연수의 집합이라는 부분집합을 확장한 수의 집합에 집중해보겠다.

현대 표기법에서 0을 포함한 자연수의 집합은 **N**(때로 비스듬한 겹세로줄이 있는 N으로)으로 표기한다. 이것은 물론 무한집합이다. 자연수를 확장하기 위해 우선 음의 정수 −1, −2, −3, …을 고려하는데, 이것은 예를 들어 빚이나 뒷걸음질을 셀 때 쓰인다. 음의 정수는 자연수와 묶여 **Z**로 표기되는 '정수 집합'을 이룬다. **Z**는 수를 뜻하는 독일어 'zahl'의 첫 글자다.

겹침 없이 **Z**의 모든 요소를 손쉽게 나열할 수 있다.

$$0, 1, -1, 2, -2, 3, -3, \cdots, n, -n, \cdots$$

정수 다음에 오는 것은 분수 또는 '유리수'다. 예를 들면, 1/2, −4/11, 314/100 등이 있다. 이들의 집합은 'quotient('나눈 몫'이라는 뜻)'라는 단어에서 따와 **Q**라고 표기한다.

유리수는 무한하지만, 겉보기와 달리 자연수와 같은 성질을 가진 무한집합, 즉 무한 가산집합을 이룬다. 이것은 **Z**의 경우처럼 유리수를 $r_0, r_1, r_2, \cdots$로 겹치거나 빠지는 것 없이 나열할 수 있음을 뜻한다.

Q가 가산집합임을 증명하기

겹치거나 빠지는 것 없이 유리수의 목록을 얻는 방법을 알아보자.

- 먼저 0부터 쓴다.
- 이때 분자와 분모의 합이 2가 되는 모든 양의 분수를 생각한다. 1/1밖에 없다. 목록에 1/1, 그리고 이와 반대 부호인 −1/1을 추가한다.

$$0, 1/1, -1/1$$

- 분자와 분모의 합이 3이 되는 양의 분수를 추가한다. 2/1과 1/2가 있다. 이 수 그리고 반대 부호인 수도 추가한다.

$$0, 1/1, -1/1, 2/1, 1/2, -2/1, -1/2$$

- 분자와 분모의 합이 4가 되지만 분자가 점점 감소하는 양의 분수를 또 추가한다. 3/1, 2/2, 1/3이 있다. 2/2는 버린다. 약분하면 1/1이 되고, 이것은 이미 목록에 있기 때문이다. 나머지와 그들의 반대 부호인 수를 추가한다.

$$0, 1/1, -1/1, 2/1, 1/2, -2/1, -1/2, 3/1, 1/3, -3/1, -1/3$$

- 같은 방법으로 계속해나가면서 약분되는 분수는 버린다. 이미 목록에 있기 때문이다. 원한다면 $n/1$은 간단히 n으로 표기할 수 있다. 이렇게 함으로써 **Q**가 **N**과 **Z**를 포함한다는 것을

확인할 수 있다.

$$0, 1, -1, 2, 1/2, -2, -1/2, 3, 1/3, -3, -1/3, \cdots$$

이 방법을 사용하면 어떤 유리수도 놓치지 않으며 각 수를 한 번만 쓰게 된다. 그러므로 유리수와 정확히 같은 개수의 자연수가 있음을 알 수 있다. 목록의 n번째 요소는 유리수 하나와 대응되며 어떤 것도 빠지지 않는다. 이것을 **N**과 **Q** 사이에 전단사(일대일 대응)가 있다고 한다.

대수적 수

검토를 계속해보자. 피타고라스 시대에 이미 발견되었듯 $\sqrt{2}$는 유리수가 아니다(1장 참고). 하지만 이 수는 방정식의 해다.

$$X^2 - 2 = 0$$

이제 같은 유형의 방정식, 즉 정수 계수 다항 방정식의 해인 모든 수를 포함하는 새로운 집합을 소개한다. 이것을 '대수적 수algebraic number'의 집합이라 하고 **A**로 표기한다.

A에는 예를 들면 황금비 $(1 + \sqrt{5})/2$가 있는데(5장 참고), 이것은 다음과 같은 정수 계수 다항 방정식의 해이기 때문이다.

$$X^2 - X - 1 = 0$$

집합 **A**는 어떤 정수 n의 세제곱근인 $x = n^{1/3}$도 포함한다. 그 이유는 이런 수도 정수 계수 다항 방정식의 해이기 때문이다.

$$X^3 - n = 0$$

더 일반적으로 말하면, 0이 아닌 정수 세 쌍 n, p, q에서 집합 **A**는 $x = n^{p/q}$를 포함하는데, 그 이유는 이것이 이 방정식의 해이기 때문이다.

$$X^q - n^p = 0$$

게다가 집합 **A**는 근으로 표현할 수 없는 수도 포함한다. 따라서 **A**는 그 범위가 광대하다. 하지만 **Q**처럼 **A**도 무한 가산집합이다. 즉, 모든 대수적 수를 겹치게 하거나 빠뜨리지 않고 $a_0, a_1, a_2, \cdots$의 목록에 언급할 수 있다. 자세한 추론 과정은 언급하지 않겠지만, 사용 방법은 **Q**에서 사용했던 것과 같은 형태이며 좀 더 복잡할 뿐이다.

A가 매우 광범위하므로, 크기를 측정하는 데 필요한 모든 수가 그 안에 있을 거라고 믿는 사람도 있었을 것이다. 사실은 그렇지 않지만, 그걸 이해하고 증명하는 데 2,000년이 걸렸다. 마침내 특히 π가 대수적 수가 아님을 알아냈다. 이 내용으로 다시 돌아오겠지만, 우선 '실수'를 정확히 규정해보자.

실수

십진법 수 하나를 소수점 이하 숫자들을 이용해서 쓸 때 예를 들어 보자.

$$x = 7.123123123\cdots$$

또는

$$x = 1.0100100010000100000100000001\cdots$$

(1과 1 사이에 0이 점점 더 많이 들어감)

우리는 어떤 수를 엄격하게 설명한다. 왜냐하면 새로운 소수 d가 추가될 때마다 그것이 나타내는 양은 급속도로 감소하기 때문이다. 무한한 소수 표기 사용이 불가피하다는 것은 누구나 알고 있다. 우리는 어느 날 이런 나눗셈을 하며 알게 되었다.

$$1/3 = 0.333\cdots3\cdots \text{ 또는 } 1/11 = 0.090909\cdots$$

가능한 모든 무한 소수 표기를 고려해서 얻은 모든 수의 집합이 바로 정의상 '실수real number' 집합이고 **R**로 표기한다.

내가 방금 기록한 것은 상당히 불명확하지만, 19세기 수학자들은 소수의 무한 표기 개념을 엄밀히 표현하는 방법을 알고 있었다. 이를 위해 그들은 '유리수에서 출발해 실수 만들기'를 제안했다. 이것은 유리수 집합에 근거해 실수를 만들어내는 것이다.

크게 두 가지 방법이 있다. 하나는 1869년 샤를 메레Charles Meray의 실수 만드는 방법(코시Cauchy 수열을 이용)이고, 다른 하나는 1869년 리하르트 데데킨트Richard Dedekind의 방법('절단' 이론을 이용)인데, 여기서 자세히 살펴보지는 않겠다.

관례상 무한한 소수 표기 끝에 0이 무한히 나올 때 그 0이 모두 소수점 뒤에 있으면 표기하지 않는다.

$$1.000\cdots0\cdots = 1$$

$$3.55000\cdots0\cdots = 3.55$$

$$140.000\cdots0\cdots = 140$$

선택된 소수가 무엇이든 반드시 유효한 양이 나타나므로, 예를 들어 지도에 나타난 선분의 길이를 재어 나타낼 수 있다. 실수는 기하학뿐 아니라 물리학에서도 필요하다. 이때 실수는 거리, 질량, 시간 등을 측정하는 데 쓰인다. 하나의 실수가 소수로는 두 가지 표기법으로 쓰일 때도 있음에 유의해야 한다. 수열의 경우 이것은 중요하다. 특히 $1 = 0.999\cdots9\cdots$이며, 이 둘은 정말로 같다! 하지만 우리가 무한히 9로 끝나는 소수 표기를 사용하지 않고 쓸모없는 0을 제거한다면(지금부터 그러기로 동의한다면) 서로 다른 두 소수 표기 사이에 등식 관계가 성립할 수 없다. 따라서 각 소수 표기는 단 하나의 실수와 일치하고, 반대로 하나의 실수는 하나의 소수 표기와 일치한다.

이상한 등식

하나의 실수가 소수로는 두 가지 표기를 가진다는 사실은 조금 충격적이다. 하지만 사실이 그러하므로, $1 = 0.999\cdots9\cdots$임을 증명해 보겠다.

$u = 0.999\cdots9\cdots$라고 하자. 그러면 조금의 의심도 없이 다음이 성립한다.

$$10u = 9.999\cdots9\cdots$$

왜냐하면 어떤 수에 10을 곱하면 소수점이 오른쪽으로 한 자리 옮겨지기 때문이다.

$10u$에서 u를 빼면 소수점 뒷부분이 사라지므로 $10u - u = 9$이다.

그런데 $9u = 9$이고, 따라서 $u = 1$이다.

$1 = 0.999\cdots9\cdots$임이 잘 증명되었다.

다행히 두 개의 무한 소수 표기가 하나의 실수를 가리키는 경우는 소수 표기가 무한히 9로 끝날 때만 발생하고 다른 경우에는 전혀 그렇지 않다.

$$2.34999\cdots9\cdots = 2.35$$

$$-54.3999\cdots9\cdots = -54.4$$

실수의 집합도 **Z**, **Q**, **A**처럼 빠짐없이 나열해 목록으로 만들 수 있는지 알고 싶다는 질문은 특히 흥미롭다. 바로 이 질문이 19세기에 집합 이론을 탄생시켰고, 이것이 오늘날 수학의 토대가 되었다.

1891년에 독일의 수학자 게오르크 칸토어Georg Cantor의 가장 근본적인 발견이 발표되었다. 그것은 실수의 집합 **R**은 목록으로 만들어질 수 없고, 다시 말해 무한 가산집합이 아니라는 내용이다. 실수는 그 양이 무한하다. 개수가 너무 많아서 정수로 번호를 매겨 목록을 만들 수 없다. 실수는 정수보다 훨씬 많다. 따라서 유리수보다도 많으며 대수적 수보다도 많다.

《 그러므로 우리는 무한에 관한 논쟁에 걸려들지 않을 것이다. 유한한 존재인 우리가 무언가를 규정한다는 것이 그만큼 우스꽝스럽기 때문이다. 》

르네 데카르트, 『철학의 원리Principes de la Philosophie』 제1부, 2.

칸토어의 결과 덕분에 적어도 두 종류의 무한이 있음을 알 수 있다. 한편으로 가산 무한집합인 **N**, **Z**, **Q**, **A**가 있다. 그리고 다른 한편으로 **R**이 있는데 더 크고 '연속체'라 불린다.

말이 나온 김에, 가산집합과 연속체 사이에 중간적인 무한집합의 범주가 있는지에 관한 질문이 오늘날 여전히 연구되고 있음을 기억하자. 이 질문에 "아니요"라고 답하면 '연속체 가설'을 채택하는 것이다.

R이 **N**보다 크다는 칸토어의 증명은 그리 어렵지 않다. 그리고

만일 누군가 과감하게 무한을 가지고 추론하고자 했다면 이 증명은 19세기 이전에 나타났을 것이다. 하지만 이런 추론은 다소 금기시되었다. 추론 끝에 부조리를 만날까 봐 두려워했기 때문이다.

이제 칸토어의 추론을 살펴보자. 이것은 귀류법이다. 우리는 실수 목록을 가지고 있고 그 안에 $x_0, x_1, x_2, \cdots, x_n, \cdots$ 의 어떤 항도 빠지지 않았다고 가정해보자. 그리고 이 목록에서 0 또는 엄밀히 1 미만인 양수 x들을 선택한다. 그러면 이 실수를 나열한 완벽한 목록이 나온다.

이 목록을 $y_0, y_1, y_2, \cdots, y_n, \cdots$으로 표기하고, 이 수들의 소수 표기를 아래로 써 내려가보자. 예를 들면 이렇다.

$$y_0 = 0.\underline{\mathbf{8}}43593828\cdots$$

$$y_1 = 0.4\underline{\mathbf{7}}7709987\cdots$$

$$y_2 = 0.97\underline{\mathbf{0}}99977\cdots$$

$$y_3 = 0.110\underline{\mathbf{2}}2435\cdots$$

$$\cdots$$

이제 각 y_n의 소수점 이하 n번째 자리를 골라 얻은 숫자들(밑줄 긋고 굵게 표시)의 수열을 살펴보자. 우리의 예에서는 다음과 같다.

$$8, 7, 0, 2, \cdots$$

이 방법을 '대각선 방법'이라고 하는데, 왜 그런지 알 것 같다!

이제 홀수는 0으로, 짝수는 1로 바꿔본다.

$$1, 0, 1, 1, \cdots$$

우리가 얻은 목록의 무한한 소수들은 끝없이 반복되는 9로는 끝나지 않는다. 그 이유는 9가 없기 때문이다(소수 표기가 두 가지인 수로 인한 곤란을 피하도록 이 점을 짚어두는 게 중요하다).

그러므로 유일한 어떤 실수 $s = 0.1011\cdots$은 이 무한한 소수들에 대응된다. 구성상 이 수는 양수이고, 엄밀히 말하면 1 미만이다. 그런데 이 수 s는 y_n의 목록 안에 있을 수 없다. 왜냐하면 이 수는 적어도 각 항의 소수 하나와 다르고, 소수 표기가 같지 않은 두 실수는 다른 수임을 알고 있기 때문이다. 따라서 목록 y_n은 완전하지 않고, x_n 역시 그러하다.

결론은, 모든 실수를 포함하는 완전한 목록을 만드는 것은 불가능하다.

이제 인정하자. 당황스럽지만, 이 증명은 매우 엄밀하며 다른 방법들을 사용해도 똑같은 결론, 즉 다음과 같은 칸토어의 근본적 결과에 도달한다.

'무한 연속체 **R**은 무한 가산집합인 **N, Q** 또는 **A**보다 크다.'

어지러울 정도의 크기다!

초월수

대수적 수는 그 목록을 만들 수 있는데 더 큰 집합인 실수는 그렇지 못한 이유는 대수적 수가 아닌 실수가 있기 때문이다. 이 수들을 '초월수transcendental number'라고 한다. 우리는 초월수의 집합을 **T**로 표기할 것이다.

초월수가 존재한다는 문장은 더 확실히 증명될 수 있다. 대수적 수의 무한한 목록에서 출발하는데, 이 목록에 **R**이 가산집합이 아님을 증명할 때 사용된 대각선 방법을 적용하면 된다. 이 방법을 사용해 대수적 수의 목록에 있지 않은 실수, 즉 초월수를 얻을 수 있다.

161쪽의 그림은 수의 집합 **N**, **Z**, **Q**, **A**, **R**, **T**에 관해 우리가 소개했던 내용과 이들의 포함 관계를 보여준다.

그런데 다른 범주의 수도 있다. 그것들은 복소수complex number, 초한수transfinite number, 초현실수surreal number, 사원수quaternion, p진수p-adic number 등이다. 이것들을 소개하려면 상당한 지면을 할애해야 하고 더 고차원적인 수학 지식이 필요할 것이다. 그러므로 우리는 그림에 소개된, 이미 상당한 흥미를 불러일으킨 범주에서 멈추도록 한다.

불행히도 지금까지 우리가 설명한 것으로는 초월수를 단 하나도 분명하게 말할 수 없다. 우리는 칸토어 덕분에 초월수가 있다는 것을 알지만, 당장 어떤 초월수의 소수 표기를 쓸 수는 없다!

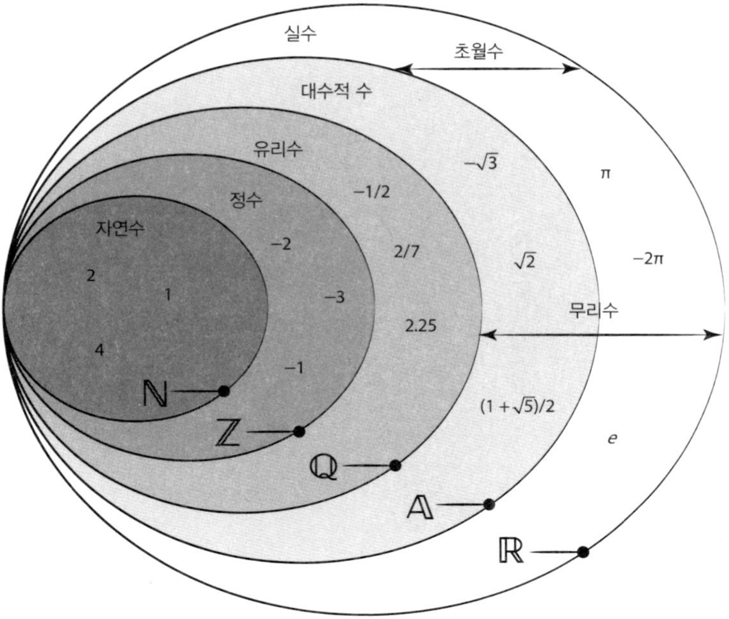

실수 집합과 이것의 주요 부분집합

다행히 독일의 수학자 페르디난트 폰 린데만Ferdinand von Lindemann이 1882년에 π가 초월수임을 보여주었다. 언뜻 순진무구해 보이고 누구나 그 앞부분 3.1415926…을 알고 있는 수 π가 이 조금 무시무시한 범주에 속한다. 수학자들이 이 수를 이해하고 증명하는 데 자그마치 2,000년이 걸렸다!

이 수 덕분에 반지름이 1인 원의 둘레를 잴 수 있게 되었다. 따라서 그 누구도 초월수 개념이 수학자들의 쓸모없이 복잡한 문제이며 수학자들과 그들의 이론에만 국한된 것이라고 주장할 수 없다. 이것은 π를 도입하고 있는 기하학의 가장 기본적인 수학이다. π가 초월수이고 그 속성을 증명하기 어렵다는 것은 수학의 세계, 특히 수의 세계가 미묘하고 까다로우며 이해하기 어렵게 만들어져 있기 때문일까? 혹 지적인 존재의 정신을 사로잡아 시련을 주기 위해서? 만일 화성이나 다른 곳에 외계인이 있고 그들이 수학을 한다면, 그들도 초월수를 발견했고 π가 그중 하나임을 알 것이란 점에 대해 나는 한 순간도 의심하지 않는다.

우리의 이웃 외계인들과 수학 이야기를 해보자

외계인과 대화를 시작하기에 수학만큼 적절한 것은 없다! 1974년 아레시보Arecibo 전파망원경에 의해 송출된 화제의 아레시보 메시지는 1679비트로 이뤄져 있는데, 이 수는 소인수 둘(73과 23)로 분해되어 선택되었다. 이 메시지를 읽게 될 자들은(만약 있다면) 이 소인수분해를 이해할 것이고, 그들이 처리할 73 × 23 크기 직사각형 모양의 이진수는 우리가 그들에게 전하려는 이미지를 나타낼 것이다.

아레시보 메시지와 같은 원리에 근거한 코스믹 콜Cosmic Call이라는 전파 메시지가 1999년과 2003년 우리와 가장 가까운 별들을 향해 송출되었다. 일부 메시지는 과학자 이방 뒤티유Yvan Dutil와 스테판 뒤마Stéphane Dumas가 만들었다. 뒤마는 각 메시지의 도입부

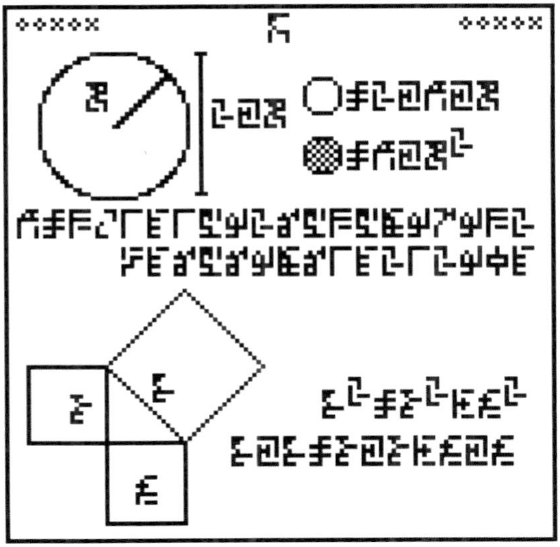

π와 피타고라스의 정리에 대한 우리의 지식을 소개하는 코스믹 콜의 일부

가 수학에 집중된 것은 아주 단순한 이유라고 한다. "우주로부터 전파를 수신할 수 있는 도구를 만들었던 어느 문명이든 그걸 만들기 위해 수학과 물리학이 필요했다."

원적 문제

그리스인들은 'π가 초월수일까?'라는 의문을 가지지 않았다. 고대에는 수학이 아주 초보 단계였기 때문이다. 하지만 고대인들은 의식하지 못한 채 이와 아주 유사한 의문을 품고 있었다. 이 의문은

1882년에 π가 초월수임이 증명되고서야 해결되었다. 이 의문은 바로 '원적 문제'다. 이것은 매우 어려운 문제여서 현대 프랑스어에서는 '원적 문제quadrature du cercle'라는 말이 '해결할 수 없는 문제를 해결하기 위한 시도'를 가리키는 관용어로 쓰인다.

이것은 과연 어떤 문제일까? 이 문제는 반지름이 1인 원반과 같은 넓이의 정사각형을 '자와 컴퍼스를 이용해' 만드는 것이다. 이 원반의 넓이는 π이므로(반지름이 r인 원반의 넓이는 πr^2임을 기억하자), 결국 이 문제는 길이가 1인 선분에서 출발해 길이가 $\sqrt{\pi}$인 선분을 만드는 것이다.

그런데 자와 컴퍼스를 가지고 제곱수와 제곱근을 정의하는 법은 이미 알려져 있다(자세한 사항은 이 장의 참고문헌 참고). 그러므로 원적 문제는 자와 컴퍼스를 이용해 길이가 1인 선분에서 출발해 길이가 π인 선분을 만드는 것과 같다.

자와 컴퍼스를 가지고 $\sqrt{2}$ 그리기

자와 컴퍼스로 작도할 때는 직선과 호, 그리고 이것들의 교차점에 근거한다.

예를 들어, 우선 1만큼 떨어진 두 점 A, B를 찍고 자를 이용해 이 점들을 통과하는 직선 D를 긋는다. 그런 다음 컴퍼스와 자를 이용해 D 위에 A를 통과하는 수직선을 그린다. 이때 컴퍼스를 가지고 수직선 위로 1만큼 거리를 옮겨 이 점을 C라고 하는데, C는 A에서 1만큼 떨어져 있다. 피타고라스의 정리에 따르면 B와 C 사이 거리는 $\sqrt{2}$이다. 그러므로 $\sqrt{2}$는 자와 컴퍼스로 만들 수 있다. 이것은 $\sqrt{n}$(n은 양의 정수)의 경우에도 마찬가지임을 어렵지 않게 알 수 있다.

한마디로, 원적 문제를 해결한다는 것은 π도 $\sqrt{2}$처럼 자와 컴퍼스로 만들어낼 수 있음을 입증하는 것이다.

원적 문제의 역사는 아주 길다. 이 수수께끼는 기원전 500년경 태어난, 소크라테스 이전 철학자인 아낙사고라스Anaxagoras에게서 비롯되었을 거라고 그리스 철학자 플루타르코스Ploutarchos는 우리에게 말해준다.

아낙사고라스는 감옥에 있을 때 이 문제를 떠올렸는데, 최초로 이 문제를 해결하고자 했다고 한다. 그는 달빛이 태양 빛을 받아 지구로 반사된 것일 뿐이라고 주장해 신성 모독죄로 형을 선고받았다. 그것이 진실이었지만 말이다.

고대로부터 21세기까지 많은 수학 애호가가 이 문제에 사로잡혔고, 종종 그 해법을 찾았다고 믿었다. 기원전 4세기에 아리스토파네스Aristophanes는 희극 『새Birds』에서 이 '원적 문제를 풀려고 하는 이들'을 조롱했다.

더 최근에는 이 문제에 대한 논쟁이 영국의 철학자 토머스 홉스

《 이제부터 본 아카데미는 원적 문제에 대한 논문은 어떤 것이든 받지도 않고 검토하지도 않겠다고 결의했다. 》

프랑스과학아카데미, 1775년 5월 3일 회의록

Thomas Hobbes와 수학자 존 월리스John Wallis의 대립으로 이어졌다. 홉스는 자신이 박식하고 재능이 있으므로 중요한 수학적 발견을 할 만하다고 믿었다. 그는 1665년에 π의 대략적인 작도를 포함하는 논문을 발표했는데, 이 π의 작도를 원적 문제의 정확한 해법이라고 소개했다. 존 월리스가 이 철학자의 오류를 고발해 다툼이 시작되었는데, 그 다툼은 홉스가 사망할 때까지 이어졌다. 홉스는 망상 속에 있었지만, 적어도 당대에 프랑스 과학 아카데미가 원적 문제의 해법에 대한 검토를 거부했다는 구실이라도 얻을 수 있었다.

아카데미가 1775년 이런 최종 입장을 채택한 것은 1686년부터 수백 개의 잘못된 해법을 받았고 그것들을 검토하느라 이미 상당한 시간을 허비했기 때문이다.

원적 문제를 파고드는 이들은 여전히 줄지 않았다. 예를 들어, 칼 시어도어 하이젤Carl Theodore Heisel은 1931년 미국에서 책을 한 권 출판했다. 놀라운 발견이 많이 기록된 이 책에서 그는 π의 값으로 256/81을 제시했다. 나도 꽤 정기적으로 이 문제의 해법에 대한 제안서들을 받고 있는데, 그것들은 명백히 거짓이거나 이해할 수 없는 것이다.

나는 그것들을 언제나 주의 깊게 검토하지 않는다. 오늘날 원적 문제의 해법이 무엇인지는 누구나 알고 있기 때문이다.

'해법은 없다!'

사실 1837년에 프랑스의 수학자 피에르로랑 방첼Pierre-Laurent Wantzel은 자와 컴퍼스로 만들 수 있는 모든 수는 대수적 수임을 증명했다. 그러므로 π를 자와 컴퍼스로 만들 수 있다면 그로부터 π는 대수적 수라는 결론이 도출될 것이다. 그런데 페르디난트 폰 린데만은 π가 초월수임을 결정적으로 밝혀냈다(그의 증명은 확인되었고, 다른 방법들을 통해 다시 증명되었다).

결론적으로 자와 컴퍼스를 이용한 작도가 원적 문제를 해결할 수는 없다. 더 이상의 어떤 의심도 없으며, 수천 년을 더 찾으려 해도 소용없을 것이고, 누구도 원적 문제를 해결할 수 없을 것이다. 이것은 수학적으로 증명되었다!

π의 소수 암송하기

원적 문제를 파고든 이들만 π에 매료된 것은 아니다. π는 대중문화 속에도 단단히 뿌리내리고 있다. 세계의 대학에서는 매년 3월 14일에 '파이 데이π-day'를 기념하는데, 이때 열리는 특이한 대회에서 파이에 푹 빠진 학생들은 파이 외우기 대결을 한다.

π 소수 암기 기록 보유자인 인도의 수레시 쿠마르 샤르마Suresh Kumar Sharma는 2015년 10월 21일 17시간 14분에 걸쳐 70,030개의 소수를 암송했다. 그는 다른 인도 학생인 스물한 살 라즈비르 미나Rajveer Meena가 세운 이전 기록을 깼는데, 라즈비르는 집중하기 위해 두 눈에 안대를 두르고 π의 소수 70,000개를 암기했다. 그보다 조금 앞서 중국의 차오 루Chao Lu는 소수 67,890개를 암송한 바 있다. 그는 1년간 노력한 끝에 π의 소수 10만 개를 암기했다고 주장했지만, 불행히도 기록을 세울 때 67,891번째 자릿수로 0이 아닌 5를 말해버렸다.

리우빌의 수

π는 초월수 중 가장 널리 알려져 있으나 이 범주에서 최초로 확인된 실수는 아니다. 폰 린데만의 증명이 있기 몇 년 전, 프랑스의 수학자 조제프 리우빌Joseph Liouville은 칸토어의 강력하고 보편적인 방법을 사용하지 않고도 정확한 수를 제시하며 그것이 초월수임을 증명했다. 리우빌의 아이디어는 사람들이 생각했던 것과 반대로 대수적 수가 초월수보다 접근하기 더 어렵다는 것을 보여주는 특이한 속성에 근거한다.

이게 무슨 뜻일까? 어떤 수에 접근한다는 것은 그 수에 점점 더 가까워지는 간단한 수를 찾는 것이다. 예를 들어, π에 접근한다는 것은 이런 것이다.

3

3.1 = 31/10

3.14 = 314/100

3.141 = 3141/1000

3.1415 = 31415/10000

마찬가지로 다음 공식을 통해서도 π에 한없이 접근할 수 있다.

$$\pi = 4\left(1 - \frac{1}{3} + \frac{1}{5} - \frac{1}{7} + \frac{1}{9} + \cdots\right)$$

이 끝없는 공식은 먼저 4를 통해 π에 접근시키며, 그다음에는 4(1 − 1/3) = 8/3, 그다음에는 4(1 − 1/3 + 1/5) = 52/15, 그다음에는 4(1 − 1/3 + 1/5 − 1/7) = 304/105 ···로 이어진다. 이론상으로는 이 공식을 이용해 π의 소수를 원하는 만큼 계산할 수 있지만, 실제로는 효율적이지 않다.

위의 두 예에서는 유리수를 통해 π에 접근하며, 이것은 만족스럽다. 사실 어떤 유리수의 소수 표기는 나눗셈을 이용하면 언제나 명확히 나타내기 쉽다. 그러므로 어떤 수 x에 접근하는 것은 결국 x에 점점 더 가까워지는 유리수 p/q를 찾아내는 것이다.

바로 이런 관점에서 조제프 리우빌은 1844년에 특이한 발견을 이루어냈다. 이 발견 덕분에 그는 간단한 소수로 표기되는 초월수를 누구보다 먼저 명확히 정의할 수 있었다.

리우빌의 정리란 x가 유리수가 아니고 $n \geq 2$인 n차 정수 계수 다항 방정식의 해이면, 어떤 유리수 p/q가 x로부터 적어도 C/q^n만큼 떨어져 있는, 그런 엄밀히 양수인 상수 C가 있다는 것이다. 식으로 나타내면 다음과 같다.

$$|x - p/q| \geq C/q^n$$

일상적인 말로 표현해보자.

분모가 q인 어떤 유리수는 C/q^n 없이는 대수적 무리수 x에 접근할 수 없으며, 이때 n은 x가 해인 다항 방정식의 차수이고 C는 엄밀히 양수인 상수다.

그러므로 소수 표기가 다음과 같은 수를 고를 때

$$L = 0.110001000000000000000001000 0\cdots$$

1은 1!, 2!, 3!, …번째 위치에 놓인다. 이때 L은 초월수임이 확실하다. 사실 k번째 1 바로 뒤에 멈춤으로써 얻은 유리수는 리우빌의 정리와 양립할 수 없는 정확도로 L에 접근한다. 이 마지막 문장에 대한 증명은 조금 뒤에 주어지겠지만, 그것이 너무 복잡하다고 생각되면 그냥 지나쳐도 좋다.

리우빌 수의 초월성

우리가 정의한 수 L은 이렇게도 쓸 수 있다.

$$L = 1/10 + 1/10^{2!} + 1/10^{3!} + 1/10^{4!} + \cdots$$

L이 대수적 수이며 $n \geq 2$인 n차 정수 계수 다항 방정식의 해라고 가정해보자. 그러므로 정수 n과 수 C는 고정돼 있다.
L에서 열 $k!$의 유리수까지의 1들만 그대로 둔 채 얻은 유리수의 분모는 $1/10^{k!}$이다. L에 대한 오차는 정확히 다음과 같다.

$$1/10^{(k+1)!} + 1/10^{(k+2)!} + \cdots$$

따라서 이 오차는 $2/10^{(k+1)!}$보다 작다.
그런데 k가 충분히 클 때 $2/10^{(k+1)!} < C/(10^{k!})^n = C/10^{nk!}$이다. 왜냐하면 k가 무한히 커지고 n이 고정되어 있을 때 $(k + 1)! = (k + 1)k!$은 $nk!$에 비해 크기 때문이다.
그러므로 열 $k!$의 유리수까지의 1들만 그대로 둔 채 얻은 유리수로 인해 생긴 오차는 리우빌이 1844년에 발표한 정리를 반박하는 것이고, 이는 L이 초월수라는 의미다.

물론 수 L의 1과 1들 사이에 0을 더 많이 삽입함으로써, 예를 들면 각 0 묶음에 0을 하나 더 넣음으로써 또 다른 초월수를 얻을 수 있다. 각각의 0 묶음에 0을 두 개 더 넣으면 세 번째 초월수가 얻어진다. 그리고 물론 이런 식으로 계속해나가면 초월수를 한없이 얻을 수 있고, 그 수의 소수들을 명확히 알 수 있다.

게다가 L의 각 0 묶음에 0을 추가하되 묶음마다 0의 개수를 다르게 추가하면 초월수가 연속체와 같은 유형의 무한집합임을 직접적으로 증명할 수 있다.

초월수가 쏟아져나오다

다소 인위적인 초월수만 제시한 리우빌 이후, 프랑스의 수학자 샤를 에르미트Charles Hermite는 1873년에 e(소수의 밀도에 관해 제3장 68쪽에서 이미 살펴본 $\log(e) = 1$에서의 e)가 아래와 같이 초월수임을 증명했다.

$$e = 2.71828\cdots = 1 + \frac{1}{1!} + \frac{1}{2!} + \frac{1}{3!}\cdots$$

그러므로 e의 초월성이 π의 초월성보다 조금 앞서 증명되었다. 이와 같은 L, e 그리고 π에 관한 결론 이후, 해석학에서 흔히 만나는 구체적인 다른 초월수가 많이 확인되었다.

여기에 소개하는 몇 가지 결론은 초월수에 관한 보고서라고 할 수 있다. 일부는 아주 최근 결과다.

- x가 0이 아닌 대수적 수이면 e^x는 초월수다(폰 린데만이 1882년에 증명한 정리). 이로부터 x가 0이 아닌 대수적 수일 때 $\sin(x)$, $\cos(x)$, $\tan(x)$는 초월수임을 알 수 있다.
- x가 0과 1이 아닌 대수적 수이고 y가 대수적 무리수일 때 x^y은 초월수다(알렉산드르 겔폰드Aleksandr Gelfond와 테오도어 슈나이더Theodor Schneider, 1934). 특히 $2^{\sqrt{2}}$, $3^{\sqrt{2}}$, $2^{\sqrt{3}}$, $\sqrt{2}^{\sqrt{2}}$ 등이 초월수다. 그로부터 e^π이 초월수라는 것도 알 수 있다.

  겔폰드와 슈나이더의 결과에 근거한 간단한 수학적 귀류법을 사용하면 다음을 알 수 있다.

  'y가 무리수이고, x^y이 대수적 수임을 만족시키는 0과 1이 아닌 대수적 수 x가 있다면 이때 y는 초월수다.'

  그로부터 예를 들면 $\log 3/\log 2$는 초월수임을 알 수 있다($x = 2$라고 간주).
- 챔퍼나운Champernowne 상수 Ch는 소수 표기법을 통해 정의된다.

$$\mathrm{Ch} = 0.12345678910111213\cdots$$

이 수에서 10진법 자연수의 수열이 차례로 쓰인 것을 볼 수 있다. 독일의 수학자인 쿠르트 말러Kurt Mahler는 1937년에 Ch는 초월수이며 정수의 제곱수를 차례로 나열해서 얻은 수 $0.14916253649\cdots$도 초월수임을 증명했다.

- 프루에투에모스Prouhet-Thue-Morse 상수, 즉 PTM은 이진수다.

$$PTM = 0.0110100110010110\cdots$$

- 소수점 뒤 n번째 자릿수(0부터 시작)가 0일 때는 n의 이진법 표기가 1을 짝수 개 포함하고, 1일 때는 n의 이진법 표기가 1을 홀수 개 포함한다. 소수점 이하 숫자들의 수열은 이렇게도 정의된다. '0'에서 출발해 여기에 보수complement '1'을 추가하면 '01'이 된다. 여기에 또 보수 '10'을 추가하면 '0110'이 된다. 그리고 보수를 추가함에 따라 '01101001', '0110100110010110' 등을 얻는다.

쿠르트 말러는 1929년 PTM이 초월수임을 증명했다. 그리고 2007년에 더 보편적인 다른 증명이 이뤄졌는데, 이것은 몇 가지 '자동수automatic numbers'에 관한 것이다.

오토마톤, 튜링 기계, 그리고 계산 이론

자동수의 중요성을 이해하려면 배경이 되는 몇 가지 요소를 알아야 한다. 정보공학이 1930~1950년대에 비약적으로 발전한 것은 전자공학 기술의 발전뿐 아니라 수학의 진보, 특히 '오토마톤(자동기계)'에 대한 이론적 설명이 진보한 덕분이기도 하다.

이 오토마톤은 흔히 이진법으로 표기된 정수 또는 정수로 환원되는 기호를 다룬다. 이 기계 중 가장 단순한 것은, 예를 들면 10여 개의 기호로 이루어진 유한 메모리만 사용하고, 유한한 프로그램을 따라 어떤 메모리 설정에서 다른 메모리 설정으로 위치를 바꾼다. 이것을 '유한 상태 오토마톤' 또는 '유한 오토마톤'이라고 한다.

가장 강력한 오토마톤은 영국의 수학자이자 암호학자 앨런 튜링 Alan Turing이 1936년에 고안한 튜링 기계다. 이 기계는 잠재적 무한 메모리를 사용한다. 예를 들어, 메모리가 되는 테이프 위에 기계가 기호들을 쓰고 지우며 이때 한정된 프로그램 지시를 따른다. 사용되는 메모리가 잠재적으로 무한하다고 해도 계산할 때마다 한정된 개수의 메모리만 사용된다.

물론 진짜 튜링 기계를 만들 수는 있지만(예를 들면, 2012년 리옹의 고등사범학교 학생들이 레고 조각 3만 개로 완벽한 기능의 튜링 기계를 만든 바 있다), 이 기계의 이점은 무엇보다 이론적인 것이다. 이 수학적인 기계는 진정한 컴퓨터를 만족스럽게 구현할 만큼 명확한 동시에 이 주제에 관한 정리들을 증명할 만큼 단순하다. 튜링 기계에 관한 연구가 바로 '계산 이론' 또는 '계산 가능성 이론'이다.

오늘날에도 여전히 튜링 기계와 유한 상태 오토마톤은 복잡한 알고리즘, 복잡한 계산, 그리고 어떤 데이터의 복잡성을 정의하는 데 필수적인 수학 도구다.

자동수

이제 '일부 자동수의 초월성'이라는 주제로 돌아가보자. '자동수'란 무엇일까? c_n을 계산하기 위해 유한 메모리만 필요한 계산 방법이 있다고 할 때 b진법으로 기록된 실수 $0.c_0c_1c_2\cdots$를 이른바 b-자동수라고 한다. 다시 말해 이 b진수의 표기는 유한 오토마톤을 통해 계산할 수 있다.

1982년 존 록스턴John Loxton과 알프 판 데르 포르턴Alf van der Poorten이 짐작했고, 마침내 2007년 프랑스 수학자 보리스 아담체프스키와 얀 뷔조가 증명한 주목할 만한 결과에 따르면 b진법 숫자들로 이루어진 수는 b-자동수이거나 유리수이거나 초월수다.

그런데 유리수는 모든 진법에서 어떤 지점부터 b 주기인 표기법을 가진다. 이것은 심지어 유리수의 한 특징이다.

그러므로 아담체프스키와 뷔조의 결과는 이것을 뜻한다. 어떤 수가 계산하기 단순한(유한 오토마톤을 통해 계산 가능한) 표기법을 가지면,

- 그 수도 단순하다. 왜냐하면 두 정수의 비(이것이 유리수다)와 그 숫자들은 어떤 지점부터 주기적이기 때문이다.
- 또는 매우 복잡한 수다. 이것은 초월수다.

따라서 아주 의외지만 $\sqrt{2}$나 황금비 같은 대수적 무리수는 반드시 계산하기 복잡한 표기법을 가진다.

2-자동수의 두 가지 예가 다음 단락에 나올 것이다. 하나는 유리수이고(아래 그림 참고) 다른 하나는 초월수다(아래 글 상자 참고).

유리수 2/3를 2진법으로 표기하면 0.101010101…이다. 이것은 2-자동수다. 왜냐하면 2/3의 이진법 표기의 n 위치(0부터 셀 때)의 숫자를 알려면 아래 그림에 나타난 오토마톤을 사용하면 되기 때문이다.

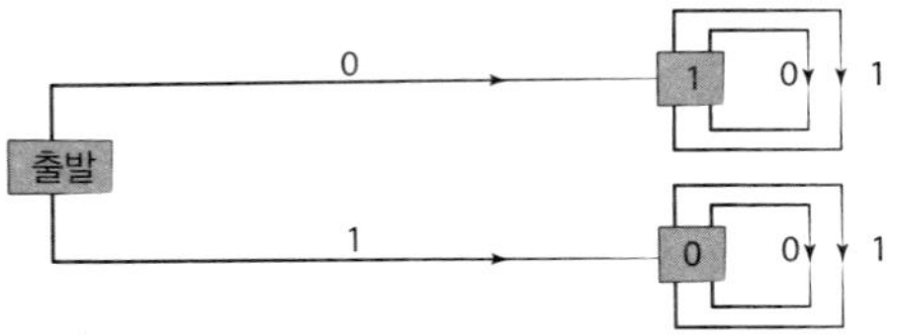

2/3 = 0.1010101010…의 오토마톤

유리수 2/3는 2-자동수다

영리한 오토마톤!

오토마톤의 도표를 어떻게 읽고 사용할까?

어떤 수 x의 이진법 표기에서 n번째 위치(0부터 셀 때)의 숫자를 알려면, 오토마톤 도표의 출발 지점에 있다가 이진수로 표기된 n번째 숫자들을 하나씩 오른쪽에서 왼쪽으로 읽으면서 읽은 숫자에 상응하는 화살표를 따라간다. n 읽기를 마쳤을 때 도달하는 매듭의 명칭은 x의 표기에서 n번째에 해당하는 숫자를 가리킨다.

예를 들어, 2/3의 오토마톤을 나타내는 177쪽의 그림을 생각해보자. $2/3 = 0.c_0c_1c_2\cdots$의 c_6 위치의 숫자를 알기 위해 6의 이진수 표기인 110을 쓴다. 이제 '출발' 매듭에 위치하고 다음으로 0, 1, 1로 표시된 화살표를 따라가면 매듭 1에 도착한다. 따라서 이진수로 표기한 2/3의 c_6 위치의 숫자는 1이다.
앞서 정의했던 이진수로 표기된 프루에투에모스 상수 역시 자동수다. 이 상수의 숫자들은 아래 오토마톤을 통해(앞의 방법과 같다) 계산된다.

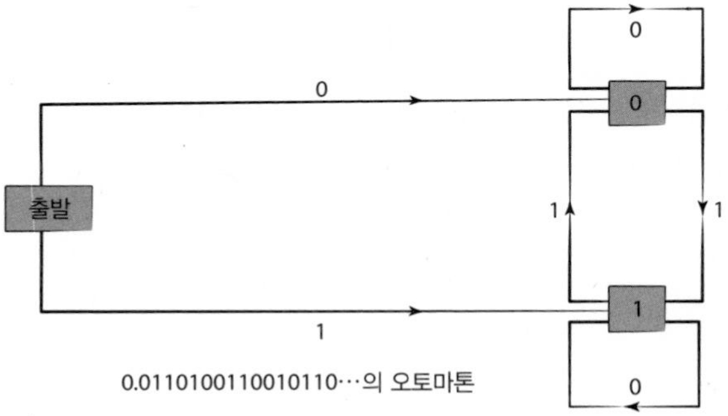

프루에투에모스 초월수에 관한 오토마톤

정보공학에서는 자동수의 유한 오토마톤보다 훨씬 복잡한 계산 모형들을 구상하고 있다. 이 모형 중 일부에 관해 여기 언급된 결과를 일반화한 내용이 2020년 프랑스의 세 과학자 보리스 아담체프스키, 쥘리앵 카세뉴Julien Cassaigne, 마리옹 르고니데크Marion Le Gonidec에 의해 발표되었다(190쪽 참고문헌 참고). 이 결과는 초월수의 새로운 무한 계열을 밝혀주었다.

초월수의 또 다른 계열은 언제나 계산에 관한 고찰과 관련이 있으며 오늘날 수 이론의 핵심이 되었는데, 이 계열이 확인된 것은 튜링의 연구 덕분이다. 이 계열은 우리를 그레고리 차이틴Gregory Chaitin의 환상적인 초월수 Ω(오메가)로 안내해줄 것이다.

계산 가능한 혹은 불가능한

1936년 튜링 기계의 속성을 연구하던 튜링은 어떤 프로그램과도 일치하지 않으며 '계산할 수 없는' 함수가 있음을 보여주었다. 이것을 '연산의 비결정성'이라고 한다. 왜냐하면 이 함수를 통해 코드화된 해를 가지는 문제는 간단한 계산을 통해 풀 수 없기 때문이다.

이렇게 계산할 수 없는 실수가 존재한다. 즉, 어떤 튜링 기계도 이 수의 숫자 하나하나를 무한히 나타낼 수 없다. 이 수는 초월수다. 왜냐하면 대수적 수는 계산할 수 있기 때문이다. 사실 어떤 수 a가 대수적 수이면 a를 해로 갖는 정수 계수 다항 방정식이 있다. 그런데 효율적인 계산 방법을 쓰면 이런 해의 소수 표기를 무한정 계산할 수 있다.

결국 튜링이 알고리즘으로 계산할 수 없는 수가 존재함을 증명함으로써 초월수의 새로운 범주가 소개되었다.

알고리즘으로 계산할 수 없는 이 수 중에 그레고리 차이틴의 상수 Ω가 있다. 수 논리학과 정보공학 이론에서 비롯된 이 수는 알 만한 가치가 있다. 이것은 어쩌면 π보다 더 당황스럽고 특별하다.

Ω는 무작위로 만들어진 프로그램이 정지할 확률로 정의된다. 이 수는 프로그래밍 언어를 바꿔도 매번 같은 속성을 가진다. 다만 고려되는 프로그래밍 언어의 능력이 아주 제한적인(이런 경우는 드물다) 경우에는 그렇지 않다.

어떤 프로그램을 무작위로 만들기 위해 다음 방법을 실행한다. 프로그램을 이진수로 기록하는 것이 적절하다. 예를 들면, 이진 부호화 문자를 사용한다. 프로그램의 무작위성이란 위조되지 않은 동전을 던져 앞면과 뒷면이 나타날 때 0과 1을 선택해 프로그램이 완결될 때까지 계속하는 것이다. 이제 이것이 작동하게 둔다. 그러면 결국 정지하거나 무한정 작동하는 무한 루프가 된다. 0과 1의 추첨이 계속되어도 결코 프로그램이 완결되지 않는 경우는 실제로 일어날 수 있는데, 이때 정지가 없다고 간주한다. 이 장치를 작동시키면 이것은 특정한 확률 p로 정지하고 상보적 확률 $1-p$로 결코 정지하지 않는다(프로그램이 완결되지 않거나 일단 작동하면 멈추지 않기 때문일 수 있다). 프로그래밍 언어가 정해져 있으면 이 수 p는 수학적으로 완벽하게 결정되는데, 이것이 바로 프로그래밍 언어의 수 Ω다.

Ω를 계산하기 어렵다는 것은 프로그램 정지의 비결정성이라는 유명한 이론에서 비롯된다. 이 이론도 튜링이 발견한 것이다. 프로

그램 정지의 비결정성이란 정해진 시간 동안 어떤 프로그램을 변수로 취해 이 프로그램의 실행이 멈추면 '참'을 전송하고 반대의 경우에는 '거짓'을 전송하는 그런 프로그램은 존재하지 않는다는 뜻이다. 이 현상은 1931년 쿠르트 괴델Kurt Gödel이 발견한 '결정 불가능한 명제'의 존재와 관련이 있는데, 괴델의 이 결론은 수 이론 자체와 관련된 것으로 밝혀졌다.

어떤 의미에서 차이틴의 Ω는 앨런 튜링과 계산 이론가들이 찾아낸 연산 제한의 가장 주목받는 예다!

놀라운 속성들

Ω는 log(2)나 π와 같은 수학적 존재다. 또한 Ω는 확률이기 때문에 0과 1 사이의 실수다. 이것은 무한한 이진법으로 표기되므로 $\Omega = 0.a_0a_1a_2\cdots a_n\cdots$이다.

이 수의 속성은 놀랍다.

- 이미 말했듯, Ω는 '계산 불가능'하다. 어떤 연산을 통해서도 이것의 숫자를 하나씩 나타낼 수 없다. 따라서 이것은 초월수다.
- Ω는 초월수다. 이것의 이진법 표기의 짝수 열 숫자만 취해 얻은 수 $\Omega_{\text{Pair}} = 0.a_0a_2a_4\cdots a_{2n}\cdots$도 초월수다. 이것의 홀수 열 숫

자만 취해 얻은 수 Ω_f도 초월수이며, f가 알고리즘을 통해 계산 가능하고 $f(0) < f(1) < f(2) < \cdots$로 증가하는 함수일 때 f를 통해 얻은 $f(0), f(1), f(2), \cdots$ 열의 숫자를 취해 얻은 수 Ω_f도 초월수다.

- Ω의 연속된 숫자들은 보렐적 의미로 '정규적'이다. 즉, 시퀀스 00(또는 01, 또는 10, 또는 11)을 만날 빈도수는 1/4인데, 일반화하면 길이가 k이고 0과 1로 정해지는 시퀀스를 만날 빈도수는 $1/2^k$이다. 증명할 수 없더라도 π 역시 정규수로 추측된다는 점을 기억해두자.
- Ω는 마르틴뢰프Martin-Löf적 의미로 '무작위적'인 수다. 다시 말해, 이것은 압축할 수 없다.
- Ω의 숫자들은 유한 실수인 것을 제외하면 다음 의미에서 '비결정적'이다. (집합 이론 같은) 논리 체계는 Ω의 숫자 일부를 결정할 수 있으며, 이것은 다시 말해 '$a_i = 1$' 또는 '$a_i = 0$' 같은 형태의 명제를 증명할 수 있다는 뜻이다. 그런데 모순적이지 않은 논리 체계는 이런 명제의 유한 실수만 증명한다. Ω의 거의 모든 숫자 a_i의 경우 그 값(예를 들어, $a_{1273} = 1$)을 가리키는 참인 명제는 이론을 벗어난다. 다시 말해, 이론은 이 명제도 이 명제의 부정도 증명하지 못하지만, 그럼에도 Ω는 아주 명확히 정의된다(그러므로 '$a_i = 0$'이든 '$a_i = 1$'이든 이것은 참이다).

차이틴 상수 Ω는 우리의 여행을 마무리하기에 적절한 주제다.

우리는 정수의 무한한 영역에서부터 실수라는 좀 더 광대한 영역까지 기나긴 여정을 지나왔다. 실수 이론, 실수의 속성에 관한 연구 그리고 새로운 초월수의 발견은 모두를 열광시키는 주제다. 최근에 이루어진 많은 진보는 이 주제들이 전혀 고갈되지 않음을 보여준다. 피타고라스와 고대 그리스인들이 밝혀내기 시작한 것은 그 자체로 하나의 우주다. 이 길 위에는 모퉁이마다 예상치 못한 경이로움과 난관이 불쑥 나타난다.

에필로그

끝이 없는 이야기

수학의 세계, 특히 수의 세계에 대한 관찰과 연구는 2,000년이 넘는 옛날부터 시작되었다. 이 기나긴 역사에 걸쳐 수수께끼들이 이어졌으나 역사가들은 피타고라스와 그의 학파가 수학의 탄생에 이바지했고 옛적부터 커지던 움직임에 활기를 불어넣었다고 믿는다. 수에 대한 그들의 열정과 그로 인한 발견 덕분에 형이하학과 여러 학문이 발전할 수 있었다.

수의 집합들은 각기 고유한 역학을 지닌 연구 주제다. 이것은 확장되어 오늘날 이 주제들을 한번 훑어보려면 책 한 권이 아니라 적어도 스무 권짜리 백과사전이 필요하다! 수학에서의 발견은 누적되며, 이것은 보통의 학문과 다르다. 이들 학문에서 새로운 이론은 때로 옛 이론을 무효화시킨다.

이렇게 조금씩 수에 관한 지식이 쌓여 인류를 위한 지혜의 보물

« 인간의 정신은 수 안에 머무르지 않으나 수를 통해 학문과 모든 예술에 도달한다. »

앙투안 드 리바롤Antoine de Rivarol
(프랑스의 저술가)

이 된다. 과학과 기술에 사용할 수 있는 어마어마한 지식의 산에서 모든 지식이 즉시 적용되지는 못하지만, 적용법을 찾는 것은 시간문제일 뿐이다. 그 증거로 예전에는 쓸모없다고 생각되던 수 이론이 최근에는 정보 보안과 암호학의 핵심이 되었다.

정보공학에서의 중요성에 더해 우리 사회에 미치는 수의 영향력은 더 강해졌다. 이 영향력은 때로 감춰져 사람들이 모를 때가 많고 오해받는 경우가 잦으며 수학의 경이로움을 모르는 이들에게는 지나친 것으로 생각된다. 수는 우리 일상의 중심에 있다. 이것은 우리가 쓰는 스마트폰의 숨겨진 행위자이고, 통신망을 통해 유통되어 우리의 TV 화면에까지 도달하는 영화를 코드화하며, 우리가 만들거나 듣는 음악으로부터 쏟아져 나오고, 재택근무를 조직하며, 통계 연구의 바탕을 이루고, 우리가 질병을 이해하고 치료법을 선택하도록 한다.

피타고라스는 자연계를 지배하는 것이 수라고 주장했다. 이 자연계보다 더 나아가 우리가 창조한 세상은 그 주된 본질이 수다. 우리 세상을 돌아가게 하는 것이 바로 수라는 사실은 변하지 않을 것이다!

참고문헌

1장 피타고라스, 피타고라스학파와 피타고라스의 정리

Conway, John, 《The power of mathematics》, dans *Power*, Cambridge University Press, 36-50, 2006.

Debart, Patrice, *Démonstrations géométriques du théorème de Pythagore*(피타고라스의 정리에 대한 기하학적 증명), 2008: http://www.debart.fr/pdf/pythagore.pdf

Maor, Eli, *The Pythagorean Theorem*, Princeton University Press, 2007.

Mattéi, Jean-François, *Pythagore et les Pythagoriciens*, Collection 《Que sais-je?》, Presses Universitaires de France, 1996.

웹사이트 Cut-the-Knot, 〈Pythagorean Theorem, 121 proofs〉(피타고라스의 정리에 대한 121가지 증명), 2020년 검색: https://www.cut-the-knot.org/pythagoras/index.shtml

2장 수의 계열

Euclide, *Éléments de mathématiques,* 300 avant notre ere environ.

Nelsen, Roger, *Preuves sans mots, exercices de mathématiques visuelles,* Hermann, 2013.

Poincaré, Henri, *La Science et l'hypothèse,* 1902.

3장 소수

Delahaye, Jean-Paul, *Merveilleux nombres premiers, Voyage au coeur de l'arithmétique,* 2e édition, Belin, 2013.

Ribenboim, Paulo, *The book of prime number records*, Springer Science & Business Media, 2012.

Tenenbaum, Gérald & Michel Mendès France, *Les nombres premiers, entre l'ordre et le chaos,* 2e édition, Dunod, 2014.

소수에 관한 궁금증을 알아보는 크리스 콜드웰Cris Caldwell과 G. L. 호네이커G. L. Honaker의 웹사이트 '프라임 큐리오스!Prime curios!': http://primes.utm.edu/curios/, 2000.

소수에 관한 상을 홍보하는 전자 프런티어 재단Electronic Frontier Foundation 웹사이트: www.eff.org/awards/coop/rules

4장 피타고라스 삼조

Berggren, B., 《Pytagoreiska triangular》, *Elementa: Tidskrift för elementär matematik,* 17, 129-139, 1934.

Heule, Marijn & Oliver Kullmann, Victor W. Marek, 《Solving and verifying the boolean pythagorean triples problem via cube-and-conquer》, *International Conference on Theory and Applications of Satisfiability Testing*, Springer, 2016. 웹에서 다운로드 가능: https://arxiv.org/pdf/1605.00723.pdf

Lehmer, Derrick, 《Asymptotic Evaluation of Certain Totient Sums》, *Amer. J. Math.* 22, 293-335, 1900.

Maor, Eli, *The Pythagorean theorem: a 4,000-year history*, Princeton University Press, 2007.

원시 피타고라스 삼조의 놀라운 구성에 관한 증명을 알아보려면, 앙드레 스톨André Stoll, 《피타고라스 삼조의 기하학적 및 대수적 생성Générations géométrique et algébrique des triplets pythagoriciens》, *L'ouvert* 100: 1-8, 2000. 웹에서 다운로드 가능: http://numerisation.univ-irem.fr/ST/IST00012/IST00012.pdf

5장 피보나치수열과 황금비

Bugeaud & Yann, Maurice Mignotte, Samir Siksek, 《Classical and modular approaches to exponential Diophantine equations I. Fibonacci and Lucas perfect powers》, *Annals of Mathematics* 969-1018, 2006. 웹에서 다운로드 가능: https://arxiv.org/pdf/math/0403046.pdf

Eliahou, Shalom, 《Mystères arithmétiques de la suite de Fibonacci》, Images des Mathématiques, CNRS, 2014. 웹사이트에서 참고: http://images.math.cnrs.fr/Mysteres-arithmetiques-de-la-suite-de-Fibonacci.html

Mughal, Adil & Denis Weaire, 《Phyllotaxis, disk packing, and Fibonacci numbers》, *Physical Review E* 95.2: 022401, 2017.

Neveux, Marguerite, *Le nombre d'or, radiographie d'un mythe*, Point Science, Le Seuil, 2014.

알렉시 몬로뒤멘Alexis Monnerot-Dumaine, 《피보나치 암호 프랙털The Fibonacci Word fractal》, 2009: https://hal.archives-ouvertes.fr/hal-00367972/document

피보나치수열의 여러 정의는 닐 슬론의 온라인 정수열 백과사전OEIS 웹사이트 https://oeis.org/A000045에서 찾아볼 수 있다.

6장 벤포드의 법칙

Arnold, Vladimir & André Avez, *Ergodic Problems of Classical Mechanics*, Benjamin, 1968.

Benford, Frank, 《The Law of Anomalous Numbers》, *Proc. American Philosophical Society*, 78(4), 551-772, 1938.

Feller, William, *An Introduction to Probability Theory and Its Applications* vol. 2, 2e édition, J. Wiley, 1966.

Gauvrit, Nicolas & Jean-Charles Houillon, Jean-Paul Delahaye, 《Generalized Benford's Law as a Lie Detector》, *Advances in Cognitive Psychology* 13.2, 121-127, 2017.

Gauvrit, Nicolas & Jean-Paul Delahaye, 《Pourquoi la loi de Benford n'est pas mystérieuse》, *Math. Sci. Hum*. 182, 7-15, 2008.

Gauvrit, Nicolas & Jean-Paul Delahaye, 《Scatter and regularity imply Benford's Law and more》, dans Hector Zenil (dir.), *Randomness through computation: Some answers, more questions*; World Scientific, ch. 4, 53-69, 2011.

Hill, Theodore, 《Base-invariance Implies Benford's Law》, *Proc. American Mathematical Society*, 123(2), 887-895, 1995.

Jolissaint, Paul, 《Loi de Benford, relations de récurrence et suites équidistribuees》, *Elemente der Mathematik*, 60, 1, 10-18, 2005.

Newcomb, Simon, 《Note on the Frequency of The Use of The Digits in Natural Numbers》, *American Journal of Mathematics*, 4, 39-40, 1881.

Scott, Paul & Maria Fasli, 《Benford's law : An empirical investigation and a novel explanation》, *CSM Technical Report 349*, 2001.

7장 파이와 초월수

Adamczewski, Boris & Julien Cassaigne Marion Le Gonidec, 《On the computational complexity of algebraic numbers: the Hartmanis-Stearns problem revisited》, *Trans. Amer. Math. Soc.* 373, 3085-3115, 2020.

Bugeaud, Yann, *Approximation by algebraic numbers*. Vol. 160. Cambridge University Press, 2004.

_______, *Distribution Modulo One and Diophantine Approximation*, Cambridge University Press, 2012.

Delahaye, Jean-Paul, 《Les nombres omega》, *Pour la Science*, mai 2002, p. 98-103.

_______, *Le fascinant nombre Pi*, 2e édition, Belin, 2018.

_______, 《À la recherche des nombres transcendants》, *Pour la Science*, juin 2020, p. 82-87.

Guerraoui, Rachid & Lê Nguyên Hoang, *Turing à la plage: L'intelligence artificielle dans un transat,* Dunod, 2020.

Havil, Julian, *The irrationals: a story of the numbers you can't count on*, Princeton University Press, 2012.

Shidlovskii, Andrei, *Transcendental numbers*, traduit du russe par Neal Koblitz, 1989.
자와 컴퍼스를 이용해 제곱수와 제곱근을 작도하는 자세한 방법: http://mathematiques3.free.fr/2troisieme/racinecarree/raci006c.php

찾아보기

ㅎ

기타

가볍게 꺼내 읽는 피타고라스
우리가 미처 몰랐던 수학의 탄생

초판 인쇄 | 2024년 2월 5일
초판 발행 | 2024년 2월 10일

지은이 | 장 폴 들라에
옮긴이 | 김희라
감수자 | 박기성
펴낸이 | 조승식
펴낸곳 | (주)도서출판 북스힐
등록 | 1998년 7월 28일 제22-457호
주소 | 01043 서울시 강북구 한천로 153길 17
전화 | 02-994-0071
팩스 | 02-994-0073
인스타그램 | @bookshill_official
블로그 | blog.naver.com/booksgogo
이메일 | bookshill@bookshill.com

ISBN 979-11-5971-552-5
정가 15,000원